슈퍼스도쿠
500문제

| 중급 |

슈퍼 스도쿠 500문제

중급

SUPER
SUDOKU

오정환 지음

보누스

▌CONTENTS

SUPER SUDOKU 500
가이드

슈퍼 스도쿠에 도전한다

스도쿠의 규칙

스도쿠를 풀기 위해서는 '가로줄과 세로줄, 3×3 박스의 9개 칸에 1부터 9까지의 숫자를 채워 넣는다'는 기본 규칙만 지키면 된다.

스도쿠 푸는 요령

〈예1〉은 스도쿠를 이 규칙에 따라 일부 풀어낸 모습이다.

〈예1-1〉에는 아직 풀지 못한 셀의 왼쪽 위에 작은 글씨로 후보숫자를 적었다. 후보숫자란 각 셀 안에 들어갈 수 있는 숫자를 말한다.

7	9		1		3		8	2
2		6	7					5
		3			2		7	
			2		6		4	9
6	3		8		4		5	
	2							
3	6			7	1	5	2	8
8	7			2	5		1	3

예1

컬럼과 박스가 교차하는 영역 살펴보기

〈예1-1〉에서 색칠한 왼쪽 박스들과 컬럼2가 교차하는 영역을 보자. 컬럼2의 셀들에는 후보숫자 8이 4개 적혀 있다. 그런데 박스1에 들어갈 후보숫자 8은 박스1과 컬럼2가 겹치는 영역에만 들어가야 한다. 이 중 하나가 남아야 하므로 컬럼2의 셀들 중 박스1과 겹치지 않도록 다른 영역의 후보숫자 8은 제거해야 한다.

7	9	45	1		3		8	2
2	148	6	7					5
145	1458	3			2		7	
15	158	1578	2		6		4	9
1459	1458	124589						
6	3	1279	8		4		5	
1459	2	1459						
3	6	49		7	1	5	2	8
8	7	49		2	5		1	3

예 1-1

2개짜리 짝 찾기

〈예1-2〉의 컬럼3에 작은 글씨로 써넣은 후보숫자들을 보라. 컬럼3에서 셀8과 셀9에는 각각 4 또는 9만 들어갈 수 있고, 다른 숫자는 들어갈 수 없다. 이렇게 2개의 셀에 들어갈 답이 좁혀졌으므로 이 컬럼의 다른 셀에 적힌 후보숫자 중에 4와 9는 제거한다. 그러면 컬럼3의 셀1에는 5만 넣을 수 있다. 스도쿠의 나머지 부분도 이 방법을 이용해 채워나갈 수 있다.

7	9	45	1		3		8	2
2		6	7					5
		3			2		7	
		1578	2		6		4	9
		124589						
6	3	1279	8		4		5	
	2	1459						
3	6	49		7	1	5	2	8
8	7	49		2	5		1	3

예1-2

숨겨진 2개까지 짝 찾기

로우5에는 후보숫자 2와 8이 2개의 셀에 함께 있다. 즉 2와 8은 2개의 셀에만 일정한 규칙대로 들어갈 수 있다. 그러므로 이 2개의 셀에 다른 숫자는 들어갈 수 없다. 따라서 〈예1-3〉에서 보듯이 이 2개의 셀에서 다른 후보숫자를 지울 수 있다.

7	9	5	1		3		8	2
2		6	7					5
		3			2		7	
			2		6		4	9
1459	145	1258	359	1359	7	12368	36	16
6	3		8		4		5	
	2							
3	6			7	1	5	2	8
8	7			2	5		1	3

예1-3

SUPER SUDOKU 500

레벨 1

001

1	6		7		4		8	9
2	7			9			4	1
4		1				9		8
	9	7	3		1	6	5	
6				7				4
3								5
	8						1	
9		5	4		8	2		7

002

8		5		6		4		2
	1		3		2		8	
3		6		8		7		9
7	8	9				5	4	6
4								8
5								4
6	7		8		5		2	
	4		9	3	6		5	

003

			1	3	2			
	5	2				3	9	
4		3		7		2		6
	6	4				8	3	
			9	1	3			
		5		4		1		
	4			9			2	
6								3
2	3		6	8	1		5	7

004

1								5
	3	6	4	2	5		7	
					8			
6		1			9		4	
9		3		4			8	
5	4		6				9	
4		5		3	2		6	
	6		9				1	
7		9	8	1	6			4

005

		1	2	3	6	4		
	8		5		1		6	
9		6				2		1
	5		8		3		9	
	4						3	
		3				1		
		2				8		
4			7	8	9			6
3	6	8				9	4	7

006

4	1			9			7	6
		5		7		4		
	6		8		4		1	
	5		2		9		4	
2								5
	4			8			6	
	7		4	2	8		5	
		9		3		1		
5	8			6			3	2

007

4	2						5	3
8			5	1	4		6	
		5				4		
	5							7
1		2				8	9	
3			4		2			
		1	7	4	8	5		
5			6		1			8
6		7	9		5	2		1

008

1	8			9			3	4
2								5
	5			4			6	
		4		8		6		
			4	6	5			
	1	8	7		2	4	5	
			1		4			
4		7		5		8		2
9	3		6		8		4	7

009

	7	9				8	2	
6			9		7			3
4		8				9		7
	4			1			5	
		6	2		3	1		
	8			5			7	
3		4				7		5
1			6		5			8
	6	5				2	3	

010

4	5	6				8	9	7
1			5		6			4
				7				
	2	8		3		5	1	
	3		2		1		4	
	4	1				2	7	
	7						3	
5								2
	6	2	1		9	7	8	

011

1		7			4		9	
	5					8		
6		4	8		7		3	
			9	1	8			
			6		5	4	1	
	6		4	7	3			
5		6			9	3		4
	4			5			7	
		3	2			1		9

012

	5	7		9	6			1
1			4			5	3	
3					5			6
	7	8	6		2			4
4				1			6	
2			9				5	
5		9				6		
	8		5	6			4	
		2			4	8		5

013

		6	4			7	8	5
	5			6			4	2
3		4			5	1		
1			2			8		4
	4			1			6	
		9			3			1
7		1	3				5	
4	9			5		2		
5	2				4			8

014

	6		5		4	9	3	1
4		5		6			8	7
			3	1				8
8	1	3			6	7	9	
			2	7				5
3	8	7	1		2	4		6
6	2			3			7	

015

2			6	1	8			5
3				7				6
	6	5				8	4	
	5		9		4		6	
6		4		2		5		
			5		6			
1				6				8
4	2			5			7	3
	8	7		4		6	1	

016

5			3				2	
	4			5			3	9
3		1			7	6		
	3		5		8	9		
1		2		3			6	
			2		1			3
6				2		3		
7	1				3		9	
	8	3		1		5		4

017

1	7			2			3	4
			1	5	7			
	6			4			8	
8		6		3		1		2
2			5		4			8
7		5			2	4		3
	5			9			1	
6			4					5
9				6				7

018

				6	2	5		9
	5			1		4		
6		2	3				1	
5			8		3		2	6
	6	4			9			
9			6			7	5	
8			4		6			5
3		6			5		4	
	4			8	7	6		

18

019

		4	6					5
	3			4			6	
1			5	9	8	3		
		3		6	9	5		
9		1			4		7	
7		2	3	5			4	
			4			2		
4		8			3			6
3	9			7			8	

020

9	6	1				8		
						4		
		5			1		6	
	9		6		3		7	
2			5	9				8
4				7			9	
6	8			5			3	
5	1	4			2	7		
	7	2	8	1			4	5

021

				4				
	1	2				3	6	
3			1		2			5
2			4		1			6
		5					4	
7	4				9	5		
6	5	4	2		3	1	9	7
1	9		7	6	5		2	4

022

	5		1		8		6	
3				5				9
	2		4		6		1	
		2				4		
	8	4	9		1	2	5	
		3				9		
	3	9	6		5	7	2	
	1		3		2		9	
	4		7		9		3	

023

			6					
7			1	5				9
1	8			4	9			7
2		5		3		4		
3			4	9			1	6
9		6		2		7		
6	5			8	7			2
8			5	6				1
			2					

024

	1		4		3		5	
		2				1		
3				5				4
	9		6		4		7	
		4		1		8		
	8		3	2	5		9	
6								3
9	4			6			2	8
		1	9	3	8	6		

025

			1	5	4			
		5	7			9		
	6	7					5	
1	3		4	2			6	5
5			8	9				1
6					3			2
	2					5	1	
		6	2			3	4	
			6	7	5			9

026

7		1					3	8
9		2					1	
4	5	3	1	6		2	7	9
		9						
5		7		4		6		
	4		6					2
		4			7	8	6	5
	1		5					
2				9		3		

027

4		6		2		5		9
2			5	6		4	8	3
		5				2		7
			1	3	7			
								1
			8	9			4	5
		4			1			6
8			9	7	2			
1		7			4			8

028

	7	9			3			1
5				6			2	
			5			3		7
		2				7		
3	5			8	6		4	
		6				5	1	
9			6		2	4		8
7	2			9	8		6	
	4	8				9		

029

	6				1	3	8	
8				9				6
		5	8			7	4	
	2				4		6	
		4	7			1		5
	1			2		9		4
		9	6			4		1
	8				2		5	
		6	4	1		2		

030

	5	1	7	4	9	6		
	2					5		4
		4			5			7
			5	6	1			2
	9		4			1		6
6		7					8	
5	4		1	2		8		
8			6		4			
			8	5				

031

8	1			5			4	2
			6		4			
		5				6		
	6			3			5	
3		2		9		1		6
1		9		6		7		4
	8	4				9	7	
	7			4	9			
		1	3	7	2			

032

			1	5				
6	4		9		7	8	1	5
7	5							
5	2		6				8	4
1		3					2	
4	6		8	2	1	7	5	
3			2					
2				7	9			
							9	6

033

		4		6		9		
	5	6	4		9	1	7	
1								8
	1	7				8	9	
4			9		1			7
6				8				4
9		2	7		3	4		6
3	4						2	1
				2				

034

				1				
	6	5	4		3	2	1	
4								7
	5	6				7	4	
			5		4			
2				6				3
3		1	2		6	5		9
5	2						6	4
	8		9	4	5		2	

035

	4		6	5	7		9	
		3				1		
	7	6		9		8	5	
4								6
	8		2		3		7	
		7				9		
		1	4	3	9	6		
3								2
8		5	7		2	3		9

036

1			6	8	3			7
3				9				1
	6		7		5		8	
	5	3				1	9	
6								4
2	9						3	5
5	4						7	6
	7	6	5	2	4	8	1	

037

		1					7	
	5			8				4
	2		4		7			8
	9		1			3		6
5			3		9			7
	3			6				2
		6		1			9	
	4	5	6	9		7		
9					5	6	8	3

038

4	6						5	2
5				1	4			6
			2		5	4		
		3			9		6	
	2			8		1		4
1			4		6		2	
	8	9		7		6		3
	1	4	6		8	2	7	

039

		2	3	1	4	7		
	1						5	
3				5	8			6
4				7		1		8
5		1		9				4
	6		4				2	
		5				6		
1			5		6			2
2	9			4			3	5

040

5			9		4	6		
3			6				5	
	6		5				4	
		5	6		7	4		
				4			8	
	4	7		8				1
9			7		5			4
	2	8		9		1	7	
7			4				6	9

041

2		5		7		6		3
	3			2			1	
		1	5	3	8	2		
			3		1			4
				9				2
			2		4		8	1
		4				8		
	6			5			3	
8	9	7				1	2	5

042

	6	4				1	2	5
1			6					7
2			5				6	8
	5	6			4	8		
4				6		5		
	8	2	7			9	4	
		3			6			9
	1				7			4
7						6	5	

043

4	2						3	5
		6	5		4	7		
1								6
6		9		3		1		4
		8	7		6	5		
	4			9			6	
	6			1			5	
5			6		7			9
9			8		3			1

044

				4				
			7		6			
5		6		1		4		7
	4		6		3		8	
	6			5			7	
	7	1	2		4	5	6	
1		4				6		8
	2		3		1		4	
	8	7				2		1

045

				9			4	
	7	2	3		5			6
3			1			5		
		3	4	5			6	
	8				9			
	9			6		2		
2		8	9				1	
	1		6	4	8	7	2	
7	3			1		9		

046

7	2		8	4	1			3
4			2		5			8
		9				2		
	1						8	4
		8				6		
	9		1		3			
2			4		9			
1			7					5
9	6			1	8	4		7

32

047

2	3			7			4	5
4		1				2		9
	5			3			6	
6	8			9			2	4
	1						5	
		9	4		6	3		
	6			4			9	
	9						1	
5			9		8			2

048

	2		5	9	3		6	
	8			7			5	
		1				3		
	3	8		2		7	4	
9			3	4	7			2
			8	5	1			
		3				4		
7				1				3
1	6			3				9

049

	4	7	3		2	9	1	
1								6
3				7				2
2	9		1		6		3	5
	5	1				8	6	
				9				
9			6		4			1
	1						5	
		8	5		7	6		

050

	5	4			2	1		
6				9				8
8	2	9		5	1	4		6
5	6			4	7			3
		3	2			6	1	
		1	6			3	2	
9			3				6	
		6				5		

051

2	4		5		7		8	1
	6			3			7	
				1				
7				2			3	
	9			4			6	7
3	8			6			5	
			3				1	
	7			8			4	
6	3	8			4	5		2

052

	8			1			4	
5			4		2			9
		6		9		5		
		3	2	6	8	4		
		2				3		
		1		5		2		
	7		9		1		3	
9		8		3		1		6
	1			7			5	

053

1	6			8			7	9
8		9				6		2
			7		9			
								1
4		3	5		7		9	6
			4			8		
				9		7		
2	4	5					8	3
7		8		4	3			5

054

			6	2	5			
		5				6		
1	6						3	5
8								1
3	7	6				5	8	4
			7	8	3			
	8			1			5	
	1		4		6		2	
6		4		3		1		7

055

		1	5	4				
		2	1		6	5		
	4			9			6	
	9			3			2	1
		7	8		1	6		
1				6	7	4		8
8				5				6
	7		6		2		1	
		6				3		

056

1						4	5	2
	4				6		7	
	3			5			9	
5	1		3					
4	2	3				8	1	9
7	6		8					
	8			3			4	
	9				4		8	
3						2	6	7

057

6	4		8	7		2	3	
1			6			5		
4			9					
2	9	6	5	3	7	4		
8						6	7	
3						8		4
7						1	6	
	5	8	4	6	1			

058

7								2
4	3	2	1		6		5	8
6		1				4		3
	6	3		8		5	4	
		5	3	7	9	2		
	9						6	
	2						7	
		6	4	5	7	8		

059

			7	5	4			9
		9		2				6
	7			9				4
1	5						6	
8				4	6	3	5	
3	2						8	
	4			8				5
		5		7				3
		1	9	6	5			8

060

	6			4			1	
5		8	1		7	9		4
	4		8		5		7	
	5						2	
4		7				3		9
	1		9		2		8	
		5		8		6		
		4		7		5		
1			5		6			2

061

9		4	1			7	2	
2				4	5			
7								1
	4			3	1	5		7
		9	5				6	
	7						8	
8			9				7	
4				7	8	3		9
3				1		6		8

062

8	9		2	6			5	3
4	2		5	7			8	9
	1				8	9		
6		4		5			1	
	3			1			6	
	4				6	1		
	5	9	8		3			
7				9		8		

063

1	3							
9	2				8	6		
7	8			4			9	
			6		3	8		9
			9		4	7		5
				7			6	
					2	9		
	9	2	3			1	5	4
8				6			3	2

064

						6		
	2	6	4			1		9
	7		9		5			2
	9	8		7	2	5	6	
			5	4				
		3	1		6			
6	1		2			3		4
			6				7	
	4	2				9		6

065

				9				
2			8		7			3
	1			6			8	
	3	5	6		1	8	4	
6								1
	7		4	5	9		6	
	6	4				7	9	
3			9		6			8
		9		8		1		

066

		3				6		
	4	6		1		7	8	
5			9	6	4			3
	7							8
	1		8		9		2	
		4				9		
			1		5			
4		2		3		1		7
9			2	4	7			6

067

3	5		7		9		6	2
1					5			8
			2		8			
	6		3			2	9	
4								1
	9	2			1		4	
			5		3			
6			1					9
9	8		4		2		7	3

068

	2	4		6		5	7	
	1		7		3		9	
	5	7				1	4	
	3						6	
		1	8	7	9	2		
1				9				6
9	6			3			2	1
	7	3				9	8	

069

6	5			7		2		
9	4				3			
		8			9			3
				4	8			1
1			2				3	7
	8	9	7		1	4		5
3					6			
				8			9	
		6	9	1	7			4

070

2	1		6	9	5		7	4
	6			7			5	
		5				6		
			5		4			
3				6				8
6		2	1		8	5		9
	4			5			6	
		9		1		8		
			3	8	7			

071

6			1		9			7
8		7	2		6	3		9
		9				8		
5			8	9	7			4
7								8
1	8	2				7	9	3
4								6
	5						8	
		8		6		9		

072

	1		7		9		4	
		5				6		
9			6	8	5			
4								6
8								
	9	7		3		2	1	
			9	6	7			8
			4		8			3
6	4		2	1	3		5	9

073

		2		1		9		
	6			5			4	
	4		6		7		5	
4		6		3		5		9
	5						6	
		7		4		8		
	1						3	
		4		8		7		
3	9	8		7		6	1	2

074

					9	4		7
		7	6		8		9	
	9			7		8		5
1				3			5	9
9				2	4	3		
6							4	
8							7	
4	1					9		
7	5	9	8	4	2			

			4			7		
		3					8	
	9			5	6	4		3
	8	7	6				2	
4					5			
5			2				6	4
	1	9		6	4	2		8
6			7				4	
2		4			8	1		

2	8		5	6	4		3	7
		4				6		
	5			8			4	
3			2		8			6
	1			3			7	
		7				3		
1		3				8		9
	4						6	
	6		8	1	3		5	

3			1	4	2			5
	6						4	
5	4			8				7
1			4		6			2
	5			9				6
		6					5	
			5	6	4			
	3			2			8	
4		5	7		8	1		9

				5				
6	5		4		2		7	8
		4	6		9	3		
1				8				3
	7	8	1		3	6	9	
4								2
	1			4			6	
		2		9		4		
		9	3		6	5		

079

	7	6	5		1	8		
	4			6			2	
	5		8		4	6		
2		4					6	
5	6		2			4		1
		1	7		6			
				5		1		
			6	3			4	
		9	4				8	5

080

					9		2	6
	6	9	7		2			
	5		6			1	9	4
	8		5					
1				6				
					4		1	8
		6			8	5		1
9					5		6	
	7	5	1	2			4	9

081

		2	6	8			3	
	5					2		
4			5	2	1			
		1			7	4		
	6					3		
3		4				7	6	1
1			4		3			6
	4			1				5
5		8		7	6		4	

082

2				6				7
	3			2			8	
		1	5		4	6		
	4	3				8	2	
1				3				4
7			4		1			3
4	2			8			1	6
	6	5				4	9	
			3		6			

083

2				8				1
		6				9		
	4	5	6		1	7	8	
6		4				1		5
3				2				9
	5		4		3		6	
		1	2	7	8	3		
4	3			5			2	6

084

					6	1		7
	2	1	8					
6				4	9			5
3		8				6		1
2			3			5		
	5			7			4	
	6				2		5	
4		5	6				1	
1	8			5	4	9		

085

9			1		5			3
	5			6			9	
1		3	4	9	7	8		2
5								9
3	4			1			7	8
	8			5			6	
		5	9	2	6	7		
			5		8			
				7				

086

					3		2	5
		4			2			6
	5		6			8		
4				6	9		8	3
		1		7	5			
3		6	1			5		
	6	9	5	3			1	
5		8				4		
	4		9		6			

087

2				1			8	
	5		7		6	4		1
		6		5				7
		5		2				3
	4		3		7		5	
	6				5	9		8
6					4	8		5
	8			6			3	
	7	4	5					

088

	7		2	6	9		1	
6								2
			8		4			
5		7	9		1	4		8
3								7
2		4	7		3	6		1
			4		5			
1								5
	3		1	7	6		2	

089

				1		6	5	9
	3		9	2			8	
	9						3	
2	5				3		4	7
			7		1			
3	4		5					
	8						6	1
	1			7	4			8
6	2	9		8				3

090

8	6	3						
					4	9	6	
					7		5	
					2	5	7	
	2	9	5		1			6
	1		6		8			3
	4	5	1					
	7			4		8	3	5
	3			2		1		9

SUPER SUDOKU 500

레벨 2

091

6	2						5	9
		5	6		1	8		
	8		2		4		6	
1				2				5
	3						1	
		6	9		8	3		
				4				
	9	4		6		5	7	
5			3		9			4

092

	2	5				6	3	
			4		6			
3				5				7
	5	3	6		4	7	2	
8								1
	7		1		3		4	
	1			6			5	
	3						9	
	9		3	2	8		7	

56

093

6			1		5			8
2	5			6			7	3
		3				4		
			2		9			
	8		3	1	6		5	
			7		8			
		9				6		
8	6			7			3	1
4			6		3			2

094

				3			8	1
			2		1			
		2		9		3		
	3			2			5	
1			7		8			6
		9		6		8		
	8			1			7	
7			4	5	6			8
2		1		8		6		3

095

8								2
		1	3		7	8		
	5						6	
6			4	3	1			8
5		8				6		3
	2		8		6		1	
4		2				1		7
	8						2	
	9		7		8		3	

096

1	7						9	2
				8				
3			7		9			1
	2		1		7	5		
8	4		6		2		1	9
	5		9		8		2	
		9				1		
4								3
7		8				9		4

097

6					1						5
5			4		6			8
		4		3		6		
	7		2	8	3		6	
		6		9		5		
1			6		5			
		1		6				
	3	2			4			6
7			8			4	5	

098

8			1		6			7
7		3				6		5
	6			7			4	
1		6	4		2	9		8
	4						7	
3		5				4		2
			3	2	5			
		9				7		
	2			4			8	

099

9			6	2	1			3
		5				6		
	6						4	
6			8	4	7			5
4		7				8		6
1		3			9			4
		4		9			5	
			7			4		
2				3	5			7

100

1		3		5				
	4	5	1					7
		2				6	1	5
	7	8	9			4	5	2
5		6		3				9
		9	4					
		7	6				2	
	5	4	8	7				6

101

8				6				3
			5		8			
4	5	2				8	1	6
		5				6		
	1			2			4	
7			3		4			9
6	3	9		1		7	8	4
			9		3			
1								5

102

	1	8				5	3	
3			5	4	6			1
	7			1			2	
		4				2		
		1		8		9		
	3			9			5	
2				7				5
			8		5			
	9	7	4		2	1	8	

103

	1		8	2	9		6	
	5						1	
6		9				8		7
3								8
	2	7		4		1	3	
			9		1			
		3				2		
	4			9			8	
2	6		7		5		9	3

104

			5			1	4	
					1		2	6
		4	3	2		8		
		3			6	4		
	9	6				3		
7	8						5	9
3								8
	6	1	2	4	5	9	3	
	2						1	

105

	1			7			9	
	3			5		2		
			6		4			
		2				5		
1	5		9		7		6	4
				6				
8			5		6			9
9	4	7				6	5	3
	6	5				4	8	

106

1	8			4			7	3
		9		2		6		
		7				4		
		6				3		
	5		6		9		1	
		8				5		
		5				7		
8		1	7		4	2		5
9	7			3			8	6

107

			3		7			1
		2		9		4	3	
	5		8					
	4	5			6		7	9
9				8		5		
8		7			9	2		
	7		9	1		3		
	6	9					8	
3			5					7

108

		5	9	7	6	2		
	6						4	
1			4					5
4		3		1				2
		2		4	9			
8	9				5		6	7
					8		2	
2						9		
	3	6	2	9				4

109

	3			8			6	
	2		6		7		9	
			5		4			
	8			1			4	
4			3		2			6
9		6				3		1
	6						7	
		8	9	6	1	2		
2		9				6		4

110

	2					6		
		6			1	4		
1	4	5		7			8	
		3	7					9
	9		8					1
6				9			3	
			4					3
9	3		1		7	5		6
5	6			2			4	

111

	1	5	2		4	7	9	
		4				1		
		8				6		
	7	2	8		1	9	3	
	5			6			2	
		7		1		4		
5			9		7			8
1	4			3			6	7

112

7	3	1	4	6			2	5
4					5			1
		8	7			6		
	1			3		2		
8				9			3	
			1					9
9				1			6	
	4			7		5		
		7	9			4		8

113

1	9	5	8		4	6	2	7
	8	4		2		9	5	
			4		5			
		7		9		2		
	4			8			9	
	5		1		8		7	
	6	2				8	1	
	3						4	

114

4	1			9			3	7
2			8		7			4
		6				8		
	6		1	5	3		7	
1				6				8
	2			7			6	
		3				7		
	8			2			5	
9			7		4			6

115

	6			7			5	
4			9		6			8
		8				1		
	9						1	
	3		1	8	5		2	
5				2				4
6	5		2	9	1		4	3
			8		7			
	8			4			7	

116

	2			8				
	1	8	7	9		6	4	3
						8		
					1	7		
	6	7	9			4	1	8
	8			7				
	3			6				
	4			2			9	1
	7	5	4	3			8	

117

			5		4			
		6		7		4		
	5		8		1		6	
5				1				9
	4			2		6	5	
		3		8		2		
		2				1		
3		1	6	4	7	5		8
7				9				6

118

		4	6		8	7		
1			4		5			8
	5			7			9	
		6	5		2	1		
4								3
	7	5				4	8	
			9		1			
8			7		4			2
	4	9				8	5	

119

		1			9	5		8
	6		5				4	
	5		6			7		
		6			4		7	5
1				9				2
4	8		7			3		
		8			5		9	
	9				7		2	
7		4	9			6		

120

						4	7	
					3		5	9
		5	6		1			2
	7		9	5		2	4	
	4			6				8
		6	4				3	
	6			8		7		
5		4	7		9		6	
		9	5			8		

121

			6		1			
5				4				6
	6	4	5		9	2	8	
	2						7	
1		8		2		4		3
	7		8	9	3		1	
		6				9		
	4						6	
2		9				7		4

122

	6					3		
5		4		7	8	2	6	
1			5				8	4
	7		6				2	
		8	3		7	1		
	4				9		7	
	9			5	4			1
		3	9			8		7
							4	

123

	1	7				4	9	
3	6		1	9	4		7	2
			6	7	5			
	5	4				3	2	
6								5
		1		3		7		
9			8		2			7
	4		9		6		1	

124

	1		6		9		4	
	3		5		8	7		6
		6		4			9	
			3			1		
4	2		7				5	8
8			1			4		
						9		
5					2		1	
3	6		4	5				7

125

		6				1		
	7		6		8		5	
	4		5	1	7		9	
	6			5			7	
		3				6		
8			9		6			2
	2		3		5			1
9		8			2		4	
	3			4		7		

126

			5		3			
		1	4		8	3		
	9						6	
1				2				5
	6	7		5		9	2	
		2	9		7	6		
4				3				9
	3	5		1		8	7	
			7	4	9			

127

		7	9	5	4	6		
	6						9	
9			2	6	8			7
8								9
1				8				6
4	9		7		6		8	3
				7				
7								4
	8	9		1		5	7	

128

4		7				3		8
	2		6		3		9	
			9	7	8			
	5						8	
1		4	5		6	7		9
9				8				5
3		9	8		4	1		6
	1			5			7	

129

		1		4				6
	8		6				5	
9		4				8		
6					1			
4	5		8					7
2		8	7	5			6	
			3			5		
	9			7				8
1		5	4	8	6		9	

130

3	6				1		5	
		5			4	8		
	4		6	2			1	
5				1			2	
		8	9					1
6				8			9	
	5		2	7			4	
		6			9	3		
9	7				3		8	

131

7		5				6	1	
			6				9	5
6		2		4		7		
	5		8		7			
		6				9		
			5				6	8
4		1		5		2		
8	3				6		4	1
	2				4		3	

132

		6	9					4
		8		7		1	2	
9			1		2		5	
		5		2		7		
	6		4		3		9	
1			6	5		2		3
					1		3	5
	5			6				
6			5			4		

133

7	2	3		1		6	5	9
			2		3			
5								4
	5						6	
		4	9		6	5		
6			5	4	7			1
	6			2			4	
	7	1				2	9	
			7		8			

134

	6	5				4	7	
4			6		5			8
	5	4		6		1	9	
			4	5	9			
8								4
	9		7	8	1		4	
7		3				6		5
2	4						1	9

135

				1				
		4	6	3	5	7		
	9			2			8	
4			5		3			1
1		6		4		8		5
	5			6			2	
				5				
8			4		2			3
	7	2		9		1	4	

136

	5		6					
6		3			2	5	4	
	4			8	5	1		7
4					6		2	
		2				3		
	3		2					
3		4	5	6		2		1
	1	6	9				7	
						8		6

137

	2					6		
		3					8	
	4		2			1		3
	1			3		7		
	8		1			4		5
	6	2				8	1	
	3					2		
2		1			7		9	
6		8	3	2	1			4

138

	3							
	2				3		1	
1		4				5		
3		7				6		
	1			3	6		2	7
	8		9	4				5
		2			5	4	8	
	4		6	1			5	
7			4				6	9

139

	2		3	4	8		6	
5				6				4
	6			5			9	
		6	5		4	8		
				9				
3			8		1			6
1			7		3			2
	3	4		1		7	8	
		7				5		

140

	6						8	
5				1	4	6		
		9	6			4	5	
	5				8			7
	4	6		9		1	2	
9			7				3	
	8	7			9	3		
		1	3	8				5
	2						6	

141

		4	2	6				
	5				4			
6						4		
	6	5	4		1		3	
2				5		6	4	
8					6			1
	7	1			5			9
5				1		7	8	
9	2			4	3			

142

1		4			9	7		
	3			7			4	
	2			8			9	
	1				2	4		
3		5	6		4			
				5		3	1	
					5			4
5	4				6			3
9	8			4		5	2	

143

9					3			8
3				2	1	5		
	6		4				3	
	4		1				8	
	5			7	8		4	3
	3	8					6	
	2			1			5	
		3			5	6		4
5			2	6				

144

1		4				8		7
		2				3		
	3		2		1		9	
	4			2			1	
		1		6		2		
		3		4		5		
7	5	8				1	4	6
4			6		8			3
			4		7			

145

	8			5	6			
3			4			6		
2		6					5	1
1			5				6	
6		7		4				3
		4			9	7		2
7		9			5			4
5			8	7		2	9	
	6							

146

	3		9	7	8		6	
	2			1			3	
5		6		4		8		9
			5		4			
				6				
	4	7				1	2	
		9		8		2		
	1		4	5	2		7	
7				9				3

147

			6		5			
				4			6	5
	6	5		9		4		
3			5		4			2
	7		8	6			9	
	1					8		
	3				8		4	
4		7		5		1		6
2		1		7			8	

148

	4							6
5		8		9	6	3		4
6		9			5			
	1			4		8		
4			6				7	
	6	5						9
7	8		9		3		4	
9					2			
	2			1	4	7		

149

			6	5				
		6			7	5		
	5	2				9	6	
4	2		9		5			8
6				7				5
5			8		4			6
7		9				8	2	
8	4					7		
			7	3	8			

150

	6	5			7			3
1				6			9	
				5		7		
			1	4	9			2
		1		7	6	4	8	
7		4			8			
2			6	8				
	1							4
9		7	3			5	6	

151

		8		9	4	5	1	
		1						
		6	5	7				8
				8		9	2	4
6	5			4	2	7		
	4							
	6	5	3				4	
					7	2	6	
	7	4	9		6			

152

	6		9	2			5	
2						1		4
			5	4			7	
8		6			5			2
9			4	6				5
5	4			8			6	
		8				4		
7			6		4			1
4				5				7

153

	1					5		4
3		2		7			8	
				2		7		3
5	4	1		3				
6		9			7			
7	2	8		4				
				5		1		7
		4		6			3	
	7		1			4		9

154

	5	6				4	9	
4			1		2			7
3			9		4			
	7					5		
		2					6	
6	8		4		5	3		9
1			6		7			3
7	6	5			9	8	1	

155

							5	
	5	8	2			4		1
6				5		9		2
					8			9
	2	1		4		5		
3			5			2		4
7			4		2			8
1		4			3			5
		9	1			7	4	

156

1		6	7		8	4		5
5				9				8
	9						7	
		8	9		1	5		
	2			3			1	
		7				9		
	8		4	5	6		3	
6								7
	5			8			6	

157

	1	5	2		4	3	9	
7								8
	6						4	
4				1				6
1				9				3
9	7						8	5
			1		3			
6								9
	3	7	6		9	8	5	

158

	1				4	7	8	
4		9	7	6				5
	5				9			6
	3					6		
6		4		8			5	
2							4	
5		2	6	4			1	
7						8		
	6				3			4

159

2	4	1				7	3	6
			4		6			
	9			3			8	
7		9				3		5
6			3		7			2
3		8		4		6		1
	7			8			1	
			1	9	3			

160

1		4	5	6	2	7		3
	2						1	
		3				2		
			4		3			
	3		6		1		8	
2		8				3		1
				3				
		6	2		5	9		
7	1						3	2

161

1					6			4
					7			8
4					2	5		6
		1	5			2		7
	5			9			3	
		6	7			4		9
	7			4		9		5
								3
8	1			6	5			2

162

	1			6			4	
		3	4			5		6
	6			1	7		9	
		8	6				7	
						4		9
4				3			6	
	4		5			8		
6		1		4			5	
	2		9			6		4

163

		1	2					
4	8	9			1	6	2	
7							5	
3			5	7	8		1	
1			6	3	9		4	
2							3	
8	1	6			7	2	9	
		4	8					

164

1							5	
	3		7	2	5		1	4
		8				6		
2	9			8			3	
	8		1	9			4	
	7						6	
		7				4		
9	2		4	5	8			
	6						8	9

165

	6				8			9
5		2			6	1		3
		3		5				6
7			3		2		4	
		1	8		7	2		
		9				6		
4		7		1		9		8
6		8				5		4

166

	3	2				5	9	
	1						4	
5		6	4		2	3		1
				4				
8								5
		7	9		3	1		
9			3		1			6
	7						5	
		4	6	5	8	7		

167

		2						
	7	8	6			2		
		4			1	6	3	
		1				4		
		3			2		6	
		5			7		9	
	4		7	1	6	3	8	
2				9				6
3		6		8				9

168

1	8			2			9	4
			8	4				
		4			5	8	3	
	7							8
9			4		6			5
4							7	
	2	1	7			9		
				1	8			
5	3			9			8	1

169

	1						3	
		6	8		9	7		
		4				8		
		5	9		4	2		
9	6	3		2		5	1	4
				1				
3	5	1				6	7	9
		2				4		
			3		5			

170

3			4	8				
1		9			6			
	5					4		
5		4					8	
			3					9
	7			5	2	3		6
	8			3		5	7	2
7				6				
	9	3		4	5	6		

171

				2				
1			6		5			3
	6	5				4	9	
				6				
	4	3		9		7	5	
8		9		3		6		1
	3	7				1	4	
5		4				2		9
			9		4			

172

	6	7			1		4	
9			6		3		5	
6			8		5		1	
	4	1				2		5
	2	9				8		7
		4		3			2	
		2		7	9		8	
		6		1			7	

173

	2						6	
1			8		6			9
		3		7		1		
	1		6		2		3	
	3		7		8		9	
		7		9		8		
3			2		4			7
8			3		9			2
	9						5	

174

			5		7			
		6		4		5		
	1						8	
3		9	1		4	6		8
2								3
	4	7				1	9	
9			2		1			6
				7				
	2	5	4		8	7	3	

175

			3	9	1			
		5				3		
	6						7	
5			1		3			9
8		3		4		2		7
	4	6				8	1	
			7		2			
	5		4		6		9	
2		4				6		5

176

		1	6		5	4		
8		2				6		3
6	4						5	2
		3	2		4	5		
				5				
9			7		6			1
1		4				7		6
	3			4			9	
			1		3			

177

		1			9			3
	4			5			6	9
		9		1		5		
3			8		6			
	8	6				9	2	
			7		4			8
		2		7		3		
8	7			4			5	
9			3			8		

178

			5		7			
		4		6		5		
	2		4		8		1	
		5		1		3		
8			2		9			1
1		2				9		4
4				9				5
3								7
	9	7		5		1	3	

179

				2				
1				3				5
3	2	8				9	6	4
8		6		9		5		3
			5		6			
		1				6		
		4	9		7			
2			1		4			9
7	5						4	6

180

3	2			5			7	9
4	5			8			2	1
			2		4			
1								6
		6	4		1	2		
8								4
7	3						8	5
			5	3	7			
			8	4	9			

181

2	5	6				4	7	9
1			6		5			8
		9						
	7		4		6		9	
				7				
	1			8			2	
		4				3		
6			7		3			2
3	2			1			8	7

182

			5		3		1	
		6	4			2		5
	5			6			8	
1		4	8		6			9
		7	2			4		
	8			5				
	9			1		8	2	7
	6	5	3	7	2			

183

	6	5	4		1	3	2	
	1			6			7	
6	9		7		2		5	1
		3				2		
	4		9		8		3	
	8			9			6	
	7	6	1		3	5	4	

184

		5	6	4				
	1			5			2	4
		6	7			8		
	4	8			9			5
3		9	2	7			1	
	2						7	
		3	9		4	1		
8				1				
1	7			3				

185

2			1	5	6			9
		6				1		
	4			8			5	
7								8
	6		9	7		4	3	
	1		8		5		9	
6		7				2		4
	5						1	
			4	3	7			

186

	1		7	8				4
		4			9			2
	8		2			7		6
	6			7	5			
		5		4				
			6		1			
		2			6	4		
7	4		1	5			6	9
		3			7	2		

187

	7	9				4	5	
6			9		7			3
8	1		6		5		7	9
	4	6				9	1	
		3	2	1	9	8		
	9						2	
		8				7		
			7	8	1			

188

				4				
	4		5		7		6	
			6		1			
8	9			1			5	7
4		7	2		3	8		6
	6						9	
		9	1		5	2		
	7		3		9		8	
		3				1		

189

						9		3
	5				7		2	
4		8		2	9			1
			7		3	5	6	
	7			5		1		
	4	1	8		6			
8			9			6		
	9		4	6			7	
		4				8		

190

2								9
	6		5		4		8	
		5	6		7	4		
	5			7			3	
6		7	8		1	5		4
		1				7		
	1						2	
	8		9		5		4	
		3		4		8		

191

1			5		6			2
	6	5		2		3	4	
				7				
6			4		5			7
	5	4		9		6	8	
				3				
8			7		3			9
	9	3		1		2	7	
				6				

192

3	4			1	2	7		6
	5			7		9		8
	6							3
			6	5	4			
6	9		4		1		3	
				3				
8				4		2		
1			6				8	
4			5				7	

193

	1		6	3			7	
4	9					6		
					5			
	4	1			6			2
	2		3		4	1	5	
3		7		2				
		8			3			1
		2	5	4		3		9
					1	2		

194

	5					6		9
	6			5		4	8	
2					4	7		1
8			3			5		
9		5		6			2	
		4			5	8		
			1					
	4	7	2				1	8
3					7	2		

195

	1			2			6	
		2		1		5		
			3	5	6			
		6		3		4		
7	4			6			5	1
		1	5		4	7		
	3			4			9	
4								3
	6	7				8	4	

196

2				4				8
			5		1			
3			6		2			9
			1		4			
1		4	8		3	7		5
		7		5		6		
7			4		5			6
		6		3		4		
	4			1			5	

197

2							9	
	6					1		4
		5	4		2		3	
		4	6	9				
			5	4	1		7	
		1		2	7	9		6
	9				6		1	
7				5		3	6	
					9			7

198

1				7				6
				9				
6	3						2	8
	5			1			6	
			3		4			
	8		7	6	5		4	
5	6						7	9
4				8				2
3	2			4			1	5

199

				6				7
		5		3		8		
		4				3		
	5						6	4
3		1				5		
8		2	4		1			
	7			9	5	8	3	
	3		6		2			9
9		5		8			4	

200

		6	5	4			8	1
	5			6			4	9
2				8				
	6		4				9	
		5				8		6
7					8			
	9			3				4
5				2			6	
	4	7		1	6	5		

SUPER SUDOKU 500
레벨 3

201

			7				1	4
		1	4	8		3		6
	4				2			8
	1				5			9
		6	1	3				
	5		8		4			
	7		2		3			
1		3		7		6		
5						8		

202

9	7						2	
						1		7
	1	2	5				3	
6				9			7	
	9	8	3				4	
		3			7	5		
	2			8	6			
1			7			8		2
			2			3		9

203

1		5				3		2
4			7		2			5
	6						1	
7				4				9
		9		6		8		
		8				2		
9			1		6			8
	5						6	
		7	4	9	3	5		

204

5				1				8
					7	9	4	
		8			9		1	
	5		2	9			7	4
1								
	4		1	7			6	5
		6			5		8	
					6	4	5	
3				8				7

205

3			4		5			9
				1				
		5		2		4		
	3		2		6		5	
6				7				4
	4		5		3		2	
		3				1		
		9				3		
1	7		9		8		6	5

206

	3	6	7			5		
	4			8			6	
	5			6			9	
		5	6	3			4	
						2		
	1				4	9		
		7	5	9	1		2	3
						1	5	
	9					4		7

207

		2				5		
	4		9		8		7	
1				7				8
2				9				6
9		7				8		2
3								5
	9			4			3	
		3		5		2		
7			3	1	6			4

208

			1		7			
1		4				9		2
	6						5	
			5		9			
	4			1			6	
2		7	4		8	3		1
			3		6			
	7		2		5		3	
6		3				8		5

209

1				3				7
	2		5		6		9	
		7				8		
3								9
6	1	2				4	8	5
		9		5		3		
	6	8				7	2	
	9		8	1	7		3	

210

4				9				5
	6		2	8	7		3	
	2						1	
2		4				7		1
	3		6		5		8	
				4				
				2				
8				7				2
	4	2	3		1	5	9	

211

1		6	5		4	3		7
	5						8	
7		1		4		2		9
6			7		2			1
	8			9			3	
			4		7			
		5				4		
4	6			2			9	8

212

		1	2	3	4	5		
	9						6	
2		3		6		4		7
5								9
	4		9	7	1		8	
	6			5			7	
		4				8		
			8		5			
8				4				2

213

		1	4				9	
	2			1		8		
	3			2				
		4			6			
6	9	3				7		5
			3			1	6	
	4	6	1	5		9		
					8	2		
5	7			4			3	

214

		3	2			1	9	
	1				3			2
4		2		5			3	
1			9				8	
		5				4		
	6					7	5	1
3				2	6			
8		7	5		4			
	9				1			

215

		1	3			2	6	
	7			2	1			3
		2					4	
			9	6	5	4		
		6					1	
	9						3	8
3		8		9			5	
2		5		1			8	
	1							6

216

2				7	3			4
		3		8		2		
			1				8	
		2		4				5
	6		7	5	1		4	
5				6		1		
	5				6			
		7		9		6		
6			2	3				9

217

	1			6			4	
	3			1			6	
	4	5	6	3	8	2	9	
9				7				8
5	6	7		4		8	2	9
				2				
		4	7	8	5	6		

218

	1			2			6	8
	2			6				
6		9	5		8			7
2					3			1
1		7	9		2			
	3			8				9
	6			4			3	
3		4	6		7	8		

219

			1	2	3			
		6				2		
	3		5		9		4	
5				7				6
1			4		2			5
7		3				9		4
	9						6	
		2	7		1	4		
3				8				2

220

1	4			5			6	7
5			3		9			2
6		5				3		9
3						1		8
7					2			5
2				7				6
8	6						5	4
	3			6			9	

221

	1	3	2					
8						2	7	
5		2		4				
2				8				
	6	4	7	5	2	9	1	
				9				4
				7		6		2
	9	5						3
					1	4	5	

222

		1		7		8		
		3	6	5	4	7		
	5						4	
9			7	3	2			6
		8				3		
	4						1	
			4	6	5			
		2				6		
6	7			8			5	9

223

		2			6		7	
	4			8	5			3
		5	9					
			7				3	1
	7	6		1			8	
	1				8	4		
	6			9		7		
8		4	6	5			9	
	2					3		

224

			7	2	3	1		
				5				
4		2	1	6		9	5	7
	9							
1					6			5
			4	5		7	8	
		1			7			6
5	4	6			9			
			6	8				

225

1						2		5
		5	6	4			7	
	6				5			
	3				6		8	
		6	5	7			9	
5								1
	5		9	6	4			3
6		8				1	5	9
9								

226

			1	6	5			
	4						5	
		2		4		6		
7			9		8			6
3	6						1	9
9			4		6			3
		8		5		9		
	7						8	
6			7		2			4

227

8								9
			7			8		
		3		9	6		2	
	2			3	4			6
				6	2			
			5			9		
		5		1	9		4	
4			2	8	7	5		
2	7		3			1		

228

	1			8			6	
	3	5		6		7	8	
			5	4	9			
		2				4		
	4			2			1	
9			1		4			3
			3		8			
	5			1			2	
	9	4				3	7	

229

	1			5			6	
			4		3			
			1		7			
	6		5		2		8	
7		3				1		2
1		2		6		7		9
5		7		4		8		6
4			8		9			5

230

	1		2		4	9	8	
		5						
	9		5		6	1	4	
				7				
			1	9	3			
6				4				1
7	4			1			6	5
	8	9	7		5	3	2	

231

	6	4	5				8	9
1			6			7		
		9			7			
6	1			4				
		5			9	2	4	1
			3	1				
3			8		6			
	5	6	9			3		
							1	7

232

	3		4			2	6	9
	1		9					
	2			7	8	5		
	9						8	
	5			2	9	1		
		4					7	
	7			9	3	4		
	6						9	
		3	6	5		7		

233

7	2			4			5	1
		3				4		
	8		3		5		6	
				6				
			2		1			
	4	2		3		8	7	
	1						4	
6			4		8			7
2			9		7			8

234

	9			2			3	
	4			6			7	5
	2	1	3	5				
		7	6					
						1	8	
					8	7	5	3
		5	2		1	8	4	9
		4	9					
		3	7					

235

		1				7		
			3		8			
				5				
		2	9		6	8		
	3			2			9	
	7						4	
		6		8		4		
4	8		7		2		1	9
7	1	3				5	2	8

236

1	4			3			8	9
		6	5		8	3		
		8				7		
7			1	5	9			8
	5		6	8	2		4	
		5				9		
6		9				8		3
	8						2	

237

		4	5		8	3		
		8				4		
	5						9	
		6		4		7		
	3		1	6	2		8	
			3		9			
			2	1	3			
4		7				8		1
		1	4		7	2		

238

1		4				6		
	2		6			5	4	
							9	7
6		3	1					
	5		4	6	7		3	
					8	9		6
2	3							
	4	6			1		2	
		5				7		3

239

			2	3	5		6	
	1						5	
6	5	4				3		
	8		6				9	4
				1				
5	6				4		8	
		1				2	4	6
	4						1	
	9		4	7	1			

240

		6				1		
	1		5		2		3	
			3		4			
		5				9		
8		9		3		7		1
4		2		7		8		5
2		1				5		8
6			1	8	7			4

241

	1		3		9		8	
	5						9	
		6	5		4	7		
		1	7		5	3		
	3			4			2	
4			6		7			3
	2	8		5		6	7	
	7			8			4	

242

6	2	1				4	8	9
	5						7	
		4				3		
			9		7			
3	7			5			6	4
		8	3		4	5		
	6						2	
				3				
8		7		2		1		6

243

1			3		2			4
6		7	5	4	9	8		
	2						9	
4								9
	8						1	
	5		7		6		3	
	7			9			8	
8								3
	1	2				6	4	

244

		7	8					
3		1	5				4	6
6			7				9	4
				9				3
				6	4	7	2	1
				8	5			
4	2	5	6				7	
9	3					1	6	

245

				1		9		
2					8		1	
1		4	6	5				8
3					4		8	
				7		2		9
			2			7		
6		7				5		
4	2							
5	3	9			6	4	7	

246

	3			5			2	
1			6		7			4
		6				1		
	5						9	
	6			9			8	
4				3				7
3	4		1	8	9		5	6
			2		4			
	9			7			4	

247

		2				5		
	6						7	
5			4		1			6
6		1		3		9		2
4			2		8			1
	5		9		7		3	
	4			5			1	
		6				8		
1				9				3

248

5	6						7	8
		4						3
8			5		6	4		2
2				5	4	3		
		1	8					
	7			1				6
6	4				3	2	5	
		3	2			6		
			8					

249

	6	5					2	3
3			5		4			
	4	8		6		5		
		9	4				5	
		6		8				
		4			9	7		
	5			1			9	
6				9	5	2		8
		7					6	

250

			6		8			
6	1		5		9		7	4
	5			4			6	
		5				6		
7			4		6			3
9				5				8
			7		3			
		4				3		
	8	7	1		4	2	9	

251

		5	6					
	6		2	5	4	3		
4							6	
6								5
	8		7	6	9			3
		7	5		1			6
					2			4
1	7			4			5	
9	2			3			8	

252

4						5	8	
						2		1
		1			8			7
	3		2		4		6	8
	1			3				
	4	7		5				
			9		7	3		
	6	8					1	
2				4	1			9

253

		3	2					6
7					5		1	
	4			1			3	
	2			7			4	
3					6		5	
	6			5				9
		4	9				2	
					1		8	
5	9			4	7	1		

254

	1				4	3		
		4		7			8	
	6		9					7
3					1		7	
	2			6				8
9		1			7		4	
	7		2			5		9
2				3			6	
	3		1					

255

	1			2			4	
2			1		5			7
	3			4			5	
		3				4		
	2			3			9	
1				8				2
	8			6			1	
6		9				5		3
	4			5			7	

256

1			3		5			2
	2			1			6	
		3				1		
				8				
	7	4	1		9	8	3	
	3			4			9	
		1		2		9		
	8						4	
9			7		8			3

257

		4	3				1	2
	1			6		8		
		9	5		7			
			2	5			8	7
		2		8			3	1
	6				1			
1					3	7		
				2			9	
2			9					6

258

		2		3			9	
	1				5			6
		6		4				5
8			2					1
	6			7			4	
2			1			6		
3		8		1			6	
	4				2			8
		5		6				7

259

1				6		8		
	2		5				6	
		4					7	1
			7			5		
	3				6			4
9				3		7	2	
	6			2		9		
		3	1		7		5	
	4	7						8

260

		2	3				6	
	4			8				
	1			5		7	2	
		5			7			1
			5					6
3	6	1				9	5	
7			9	6	3			
	3		2			5		
		8					4	

261

		1	4	9	5			
	2					4		
3			1	2			5	
		4			9			7
1			8		3			
	5			7			6	
		3				6		
7			3		6			9
	9			8			2	

262

		6						
	4		6				5	
5		2		1		9		3
	5		4		7		1	
		3		5		2		7
			3		2		4	
				2				
	3		9		6			
7		9				8		6

263

2					1			
			4		6			
		5				1		
		2		3		7	4	9
	5							
	7					5	6	3
		6			3	8		
		7	6	5	4	9		
	4		9		8		1	

264

				1				
5			4		3			6
	6		5		7		9	
		5		3		7		
	4	7				9	6	
6								8
	5	6				4	7	
			9		8			
4			7		5			1

265

		1		6		5		
	4						2	
	9		4		1		3	
	6						1	
2			5	1	6			3
4								2
8			7		9			1
6				4				7
	2			5			9	

266

7				1		2		
5			4		7		1	
	2			6		4		
	1		6		3		4	
2			1		5		6	
	3			8		7		
	4		7				2	
3				9		5		
					1			

267

			1		5			
4	7			6			1	3
		8		4		2		
	9			2			3	
2		5		3		8		6
3								5
	1		2		4		7	
	2		3		9		4	

268

		2			8			
	6					3		
	3		4	1		9		
	2		9			1		8
5			7	3			4	9
	4			8		6		
	1		6	2		4		
	9					5		
		6			5			

269

		2	3		9	7		
	1			4			6	
				2				
			2	5				1
		3			7		4	
1	2					8		
2						6		
3	8				5		2	
	5	6	4	1				9

270

2		3				5		6
1		4	3		6	7		9
3		1	5		9	4		7
7				4				8
				6				
4								5
	6	5	4		8	1	3	

271

						5	9	
	3	5			6			4
1			5		3			2
				1				
	2	6		3		1	4	
			4		8			
	9	4			5	3	2	
	6						8	
		7	2			9		

272

				1				6
				3				
	4	6	5		7	8	9	
			7		5			
6			1		3			9
	7	9				1	3	
1		3	6		9	2		4
	2			8			7	

273

		8	4		7	5		
		6				9		
2				9				4
	7		6		1		4	
		5				8		
		3				1		
		7				6		
1	9		7	2	6		8	5
			8		9			

274

			1		9			4
		4				5		
	5		6		4		7	
		3		2		1		
	6						8	
7			3		8			9
6				1				8
	3						5	
		9	2	7	3	6		

275

		1	6		7	2		
	4						7	
	2						3	
		5	1	6	4	9		
		3				1		
		6	2		9	7		
				5				
8	1		9		3		2	5
7								9

276

	2			9		4		3
		6	5				9	
	1			7				6
2					5			
	3			4			7	5
		1	3					
	4			1				2
	6			8			1	
		3	2			7		8

277

	2							5
		8		5	6	2	4	
			7				6	
		6		7			3	
1	5				9		8	
	3		4			7		
5	4				8		9	
		9		6				
8		3		1				

278

1		6				5		4
2			4	9	6			3
	3						9	
		9	8		7	4		
	4			3			6	
7				6				9
3				8				6
6	1						7	2

279

		5				8		
	6		3		5		1	
1				6				9
2		1				7		4
	7		1		8		2	
				5				
		2				9		
9		7	4		1	5		2
8								1

280

			1					3
		3					5	
6		1		4	7		2	
	1			8	2		7	
7		4					6	
		6				3		
		5			8			
	6			5			8	2
9				6			1	5

281

			1		9			
8				4				1
	9	7		8		5	4	
9			4		6			8
		5		2		7		
		6				4		
	5			7			8	
6			5		2			9
			3		8			

282

1								6
		6				5		
	3		6		5		4	
5		2		7		6		8
			3		6			
		7	8		2	4		
	5						2	
6		9				8		7
			1	4	7			

283

	7	6		1	9	3		
5							2	
4			5	6			8	
	4	5		8				
				2		9	7	
	1			7	8			2
	6							4
		9	2	3		8	6	

284

	5						4	
1		6	4		2	8		9
			7	1	8			
	7	3				1	2	
	6						5	
			1		4			
				3				
	4	9				3	1	
		8	2		9	7		

285

	5	6						
1			6		4			
3			5		7			8
	4	7		6		3	9	
				5				
	2	3						1
4			1		2	7		
	3	8		9			4	
					6	8		

286

			4		1			
		5	6		3	4		
4								9
	5			2			3	
9								6
6		7	9		5	1		4
5								1
	8			6			7	
		6	7		2	5		

287

		9		5			7	
				8				
4	8		7		6		9	3
		8		6		7		
	3						1	
	6		3		1		8	
		6		4		1		
9	7			3			6	4
				9				

288

			1	7				
		3			9			
4		1			8			2
3	4						2	1
	1						7	
7	6		2		5		4	3
		8				9		
	9					2	6	5
6								7

289

	8						9	5
	7		6	2		8		
	1				7			
	6					4		
		2		3	4		6	7
		8				9		
			7		1			
	4	9				3	7	
7			3		8			4

290

	1	2	9	6	4	5		
	3					2		
		5						
			6	5				8
		6						
	4					3		
	6	4	5	8	7	1		
7								5
	2		1	4	3		6	

291

4	1	6	7	8				
8				5				2
	4		9					1
		8				3		7
		7		1		6		9
		1		4		7		5
5								
7		9		6		8		4

292

1	4				2	7	8	
		6		4				
			8					
2			9					
5			7		1	9		
		8			3	1		2
	7			9	4			1
	8					2		3
	9				5		4	

293

				5			6	
	5		6			4		7
	6	2			4			1
	2							
6			8	3		1	2	
1								
	7							9
8			4			6		
	9		3	6	7	5		4

294

1	4						6	7
				5				
	6	5		4		1	2	
3								4
			5	2	8			
		6				9		
	5			3			1	
	1	4	6		5	8	7	
8								5

295

	1	9						
	7	6				5	4	
			6		4			3
				6	2			1
				1			3	
	5	3	7	4	8	6	2	
	4						7	
		8				9		
			5	2	7			

296

					6	7		
	8			4			9	
9	4	1		7		2		
	7			8			1	
					9	8		
	5	6	2					
4			6		1		5	
				5		6		4
	6	2			4			

297

	4	8				9	1	
5								6
6		1	4		8	2		3
		7	8		4	1		
4			6	7	2			5
7				3				8
	9	2				5	4	

298

	5						6	
1			5	2	6			4
		4				5		
	4			6			7	
	3			5			8	
		1	7	3			9	
2						8		
	7			1	4			9
		9	3				1	

299

	3	2						
6			5					
				4				9
1			6				5	
	5	6				4		
			1	9	5		6	
8				2				4
5	6		3		1			
		1	4		9	8	3	

300

		5	6				8	9
	6			5	4	3	2	
	5			3			9	
		7	1	4			5	2
1				6				
			5		1	2		
		6					1	
		4	7	9		5		

301

				2				
1			3		9			2
	5		1		7		4	
4	6						9	7
		9				4		
			5		4			
		6				3		
9		7		1		8		4
3	8						6	1

302

		6	5		2	7		
	4						8	
	5						9	
3		5	4			1		
				5		8		
			6				7	9
1		4						7
	6						2	
5		7	8		6	9	3	

303

3								5
			1	5	9			
		8				2		
		9		7		8		
	7		9		8		5	
8				1				2
6			5		4			7
	4	2				1	6	
			3		1			

304

1								3
5							7	
	4		8	6		2		
		6			7		1	
			6	9				8
		9			8		3	
	5		1	3		7		
2							9	
7			5		4			6

305

1				8	7	9		
			2				4	
		3		9				7
		6			8			
	4					5		
9			6				2	
	8			6	9		3	
		2			3		1	
3		5	8				6	

306

	9				1		2	
8					7		4	6
4				6				
			8					7
			1				5	
		7		9	4	6		
	8					4		
	6				8		1	5
1		2		5			7	

164

307

	5	3				4	1	
1			6		4			2
			3		5			
	9	6		5		8	3	
			2	7	8			
		8				2		
		2		6		7		
3			1		7			6

308

				5				
	3		6		2		1	
1		2				3		7
	2		8		9		5	
8				4				9
	9						8	
		8				7		
	6		7		1		9	
9				3				8

309

	2						5	
4	9			7			3	1
		8				9		
			7	5	2			
	5	6				1	9	
	7		1		9		2	
		3				6		
			2		6			
1				8				5

310

	1			2				4
		2	3			8		6
	4			5			9	
	5			6			4	
		3	4				2	
	7			3				
5					8			
	8			1			3	
	2			9		1		7

311

		1	2		3	5		
	7			4			6	
4								5
8		7		5		1		3
	9		1		8		4	
		5				6		
	6			7			2	
	4	2				3	5	

312

		1		7		3		
	5						9	
		6				8		
2			3		1			5
	8		7		4		3	
9								4
4			6		5			7
	2		4		7		6	
		3				5		

313

1				3				4
3			4		5			2
	4						9	
5		3	6	4	2	7		8
		6				2		
			8		7			
	6	2		9		4	3	
	1						2	

314

1		5		6		4		9
	6		2		1		5	
			7	4	3			
		6				3		
	9	7				8	4	
5			3		4			8
	7	8				1	3	
				1				

315

		8				6		
	4		6		7		3	
		5				1		
	2		4		6		9	
1								4
3								5
			5	7	4			
		9				2		
5	6		9		2		8	7

316

			5	2				
		5			6			
	1		8	4		5		
	9					4		
		3				2	6	
	4				1		5	
2		8		7			4	6
1			4			7		
4	5				9			

317

							9	2
	5				6	7		
4		6		9			3	
		5		4			2	
			6		5	1		9
				1			8	
					9	4		
7				8			5	
8	1			7			6	

318

	2					6		
1		5			6		4	
			5	4				7
		6			9			1
							6	2
	4	1						8
9		4	3	1			2	
7				9		3		
			8		7			

319

				1				
			4		3			
		7				6		
	9						8	
1								5
3			9		7			4
2		4	3		9	1		6
	3		6		5		9	
		6	7		1	4		

320

1			2		5			6
	6			7			2	
4				3				9
	9			1			6	
		7		2		1		
3								4
	2						8	
8								1
		3	8	4	1	9		

321

1		6			3		4	7
	3							
	4				7	8		
	2			9			1	
		9	7				5	6
			8				7	
				4		3		
			6				9	
	5	2				6	8	4

322

							7	
6	5		4		7		8	
		4		8		9		
	4						6	
		1				3		
	3		7		2		9	8
	1							
			3		4			
7	8		5		9		2	6

323

						9		
		4			1			8
		6	4	3			5	
		1			6			5
	8		2			7		
4	9		5				8	
		3						1
			1	9				
1				7	8	6	4	

324

			4		6			
	6	4				5	7	
5								9
1		7		3				8
			9		2			
				7		3		
7	4			8			6	2
		9				4		
		3	7		1	8		

325

	8			9			7	
4		3	7		6	9		1
1			4	2				6
	4		8		3		5	
			5	9				
5		9		3		6		7
6	7						3	4

326

1						9		
		6	5				8	2
	7			6				
	8			4				7
		5	6				2	
	4				2	1		
9				3			4	
		8		2			9	
4	6				1	2		

327

				1				
				6				
4		6	5		7	9		1
5	4						8	6
6								7
	1						3	
	3		9	7	6		1	
		9				7		
	2		4		1		9	

328

					7		9	
1				4		8		
	3		6		5			
5		6		8		3		
	4			9			6	
		7		6		9		8
			9		8		1	
		5		7				4
	6		4					

329

	9				1			
	2		3			5		
		5					4	8
	5	6	1					
							9	1
	4	7	9		3	8		
	8		6		7	9		
								7
			4	9		6	5	

330

		7			8	4	2	
	1		7	9				8
	3							1
	2							4
	6			1			5	
		5		8		3		
6			5				8	
5			6				4	
	4			7		9		

SUPER SUDOKU 500

레벨 4

331

								7
				9				4
	5	7	4		3			
	8			1				
	1			7			5	6
7	4	2			8			
1		4				9		
8		9		4				
				6				3

332

			2		5			
1			4		8			9
	5			6			4	
		6				1		
	4			5			6	
		3				7		
			3		9			
9	3			1			5	8
7				4				2

333

2				1				5
	1	9		5		2	7	
		8				4		
	2			4			9	
4				3				8
		5				7		
	3		8		6		4	
		1				8		
		7				9		

334

		7	3	9				6
1					7			
	2			5		3		
		5	9				1	
	4					5		3
		8	6				9	
	8			3		2		
4					8			
				1	4			8

335

1	4							3
5							2	
	8		1	3		9		
		6			7		4	
			9					1
		3			4		6	
	9		4	2		8		
8							1	
7	2							6

336

		8	1		6	9		
	5			3			6	
		2				7		
			2		1			
4								1
	2		9		4		5	
7		9	5		8	4		3
	4			2			8	

337

			1	2				4
		8			6			
		9				7		
4	6						5	
	5	1					7	
		7	8			6		
				8	4			
5		6					9	
	8		7		9	1		3

338

8				9			7	
	3		8		5			9
		2			3			
9	1					8		
		4				1		6
	7				8			
	4				2		1	
	2			6			8	
		1	5			4		

339

		2	5		4	6		
3	8						7	5
		1		2		3		
1			4		5			3
5				6				4
		7				9		
			9		8			
7		3				4		6

340

	5	3	6		8	1	9	
1				4				8
3			1				2	
	6	4		7	9	8		
9								1
	2	8	9		7		6	
		5				2		

341

			4				2	8
		5	8	6				
	1				5			
		7	9			1		2
2				8			4	
1	9		7					
	5			9	2			3
	8					9	6	
7								

342

	5						4	
		3				2		
1			4		6			
	2			5	1			
		4		6	9			
			8			7		2
		8		1			3	
	6				2	4		9
7					4	5		

343

		2	1	3				
	5				4			
6		1				9		
3			2	9			7	
2			6	1			4	
	1					8		
		8			5			
	2		4	6			3	
		6				1		

344

		5	6					
	1			9				
	2			4		3	1	
	4				7			1
		6	9	8				3
	7					9	5	
	6				2			
	8	7				5		
	9		1				4	

345

		6	7	3				
	4				5	1		
	1						3	
	8		6	9			5	
		9			2	7		8
1			3					6
		5		4			1	
	9				8	2		
6								

346

		1				5		
			2	9	6			
		2		4		7		
	4		3		5		1	
3								6
	6		4		9		2	
		6		7		2		
	2			5			4	
5								9

347

				4	3			
			1			3		
		7					2	
		6					3	
	1	3	7	6	4	5		
4	9							8
2								
1				7	9			4
9				3	5			6

348

			2		8			
		5				6		8
	1						5	
	4		1	7			2	
	7	6			5	9		
				9				
4	2			8				7
		9				4	8	
7	3							6

349

1				3				
6				5	2			
	4		7					
		6				2	8	9
	9		2		7			
	1			9	8			
	7					4		8
		9				1	7	
4	3	2						

350

					7	5		
				8			6	
		6	3					1
		4	6	5				9
					4			3
		2	7	1				8
	6						2	
		1					9	
2			9	4	5	8		

351

7	3							4
	1			8				
		8	7		4	6	9	
1							3	
	5		2					7
9							6	
		4	8		5	2	1	
	8			9				
6								3

352

1	4			5			7	6
6			4		3			9
		5				8		
	6		3		8			
5				1		4		
			2				6	
		8		6				7
					4			
7	2							3

353

		1			5			
			4	6			1	
		2			3			7
	7					1		3
	4		3	9		7		
	2		5	8				
	3					8		
		6		7	8			9
9							6	

354

	1						5	
			8		3			
			2		9			
		3				9		
		2	4		6	7		
	6			9			8	
5			1		8			3
9				6				7
6	4						1	2

355

	8						7	
4		5				6		3
	1		6		7		9	
			5		4			
2	4						8	6
		6	8		9	1		
	9			3			6	
	7			1			5	

356

7				1				
2			4					3
3			2	9			6	
	5		7		8			4
6		4						8
		3		6			7	
			6		7	1		
		1				9		
	3						4	

357

							3	5
		6	8	9				2
	1					8		
		9	6		7		4	
				5				8
	4	3	9		2			
3					6			
8						4	7	
	6		4	2				

358

1		6			8	4		
	5			4			3	
	2			7				
6	7	3		9				
5		2			7			9
4	9				1			2
		1	3	6				
							9	7

359

	1		6		4		8	
		6		3		5		
		8		7		4		
	7						4	
9								2
3			9		2			8
4								9
	8			9			5	
		7		8		1		

360

	4	5				1		
6			5				4	
7			3				9	
	9	7		6				8
			4		5			
				8	9			
1	3			9		7		
	2			7			1	
			8		1			

361

1							4	
	6		4	5	7			1
		8				6		
	5	4				8	3	
	2		6		9		1	
	4			8			6	
	3		5		6		2	
		1				7		

362

				4			7	2
2			5		6			3
1		5			2			
	1				8	4		
6				7			5	
			9	1				6
		7			3		9	
4	9					1		
3								

363

1					2	3		
	5				4	8		
		7						
			8	7				1
	4		6	3			7	
5						9		
2				1	7			9
	6			4	8		1	
						4		8

364

			5					
	1	6	8					
				7	9			
		5	4			8		
	6			1	3	2		
		7						3
			2				1	8
9				4		7		
	8	4	7				3	2

365

2			5		1			3
			3		4			
		5				1		
	6						9	
3		4		7		2		1
	5						6	
		6				4		
	4			1			7	
		9	7		2	8		

366

	1						6	
		6				3		
			8		7			
	8	3				9	1	
4	5						2	8
		1				7		
	4		3		1		5	
		7		8		1		
			6	2	4			

367

	8	4						1
					9	4	7	
					7			
		6	2				4	7
	4		1		6			
9			8		3			
	1			6		7	8	5
		7					9	
		5				1		

368

	2						3	
		6	5		4	1		
1								2
				9				
6	9						8	5
		7				6		
			9		1			
	6	5		7		4	9	
3			6		8			7

369

		3	5		6	4		
				4				
	1			7			9	
		2	3		9	6		
		6				3		
	9						1	
7		8				1		6
		4		5				
		5	8		7	2		

370

	2	9	1					
	8		9					
6				3			9	8
4					2		1	
	7			6		4		
		6	8			9		
		8				1		5
	4				5		7	9
			7					

371

		6	5					
		5	6			2	3	
		4			1			5
			9		6			3
				4			8	
		1	7		8		4	
	3			8			1	
2					9			8
1								7

372

		1			4	3	7	
				8				
3			6		7			
1			5		8		4	
6				7				9
					6	5	2	
		2	9					
	3							4
		9	8				1	6

373

3							5	
			7	6			4	
			3			6		
			6		5			
1	5						9	
6			9	8		7	2	
	6		8					
	4	8	5				1	
7						9		8

374

				1				
				3				
	4	5	6		9	8	7	
				8				
	8		7		6		9	
4		7				1		5
7			5		3			2
	2	6				7	5	3

375

		1			5			
3		4			6		7	
2			9	7			3	
	3						4	
	2		8		9			1
8								6
1		5	7		4		6	
	8			6		5		

376

2						5		
	1				5		6	
		3		6				4
3			4					8
	2		1				9	
			5			4		
5		8	6			2		
	6	4		7			3	
					1			9

377

		9				1		
	4		6		2		7	
		6				4		
			5				3	
			4				1	
4		5		8		7		9
	5				1			
	9					8		
7		8	2	9		6		

378

	6		5			1		9
		5					4	
	5		6			9		3
	4	8	9		1	7	6	
	9			4		2		8
		1					7	
			8	5	7	4		

379

2	3							
		6	5			7		
				6	4		8	
		7			6	8		
	1		7			2		
				8			6	
	4	2			9		5	
	9	3		1				8
5								9

380

1	8						4	
			6	5	4			
		3				2		
3		6		9		5		
			8		7			
	9			6				2
5		1			6			
4			7			6		
		2			5			9

381

	6				4	2		
				6			4	
			1		5			
		4				5		
	5		4		3			
6		1		8			7	4
		8			2	6		
			9	5				
7					1		2	3

382

	6	2						
9			8					
1			4			7	6	
	9	8			7			6
					1			4
		4	5			9	8	
	7			3				
	8			9				7
		3	7			2		

383

				4	5	6		
			6					
	1		9		7	8		
6			5				7	
5				6				9
	4				8			6
		5	8		2		9	
2					1			
	8	4	7	5				

384

3				6				4
8			4		3			
			5		2			
	3		7			5	4	
2		5		3				6
4					1	2	7	
	8			7				
		4			6			
			8	4				1

385

	1			8			6	
	7		5		2		3	
				7				
6	4						9	3
7			9		5			6
9								7
5			6		7			1
8			3		4			2

386

				7	4	5		
2			1		5	6		
	4	5						
	5		3					
							7	
			6	5	2			8
		2		1	3			
4	7						6	
5		1					8	9

387

5								8
			6		4			
	2	3		8		6	1	
6								2
7								1
4			2	5	1			9
	6			7			2	
		1				3		
			3	4	2			

388

1					5		4	
5		3	1					2
		2	6					
					4	6		
					8	3		
	6	7						
	2	5			7	4		
					2	5		1
4	3		5					9

389

2				7	1	6		
	5	6					2	
	3				8			
			4		3			6
	1			2				
			7		9			8
	6				2			
	9	5					1	
1				4	7	5		

390

				3				
		8	1		6	5		
	5			7			9	
2		5				1		3
4			7		3			5
	7						6	
		1				7		
	4			9			5	
		7	4		5	8		

391

						4	1	
	6				9			5
5		7			2			8
2				8		3	5	
			7					
		3			4	8		
		5		1			7	
	2			4			8	
	9				6	1		

392

3	7			2			4	
							2	
5	2			1	4			6
			4			6		
8				7			3	
			2			4		
	1			3	6			
4		8					7	9
	5					8		

208

393

2						1		
		5	6	4			3	
	6	4			8			
	5		4			9		
	4			6		2		
		7			5			
			8	9		6	1	
	1					7	5	
		2	1					4

394

4	6						7	1
				2				
			9		1			
		9		3		8		
	8						6	
	7						3	
	9	1	8		2	4	5	
3			7		5			6
	5			4			9	

395

	2				1	6		
			2	3			5	
		8						9
		1						6
5	4		3	6			7	
6				9			2	
	6		7				4	
	5	4	6			1		8
					9			

396

	1	2				3	4	
7			1		2			8
		3				1		
	4			6			2	
9						6		1
8								3
	3	7				2	5	
			4		9			
				7				

397

			1	2				
		9			4		8	6
	6					5		
		6						
	4					7		8
		3			8			4
			9	1		8		
9		2					6	
	1			8	7			9

398

	4			2	3		7	
1		9			4			3
	3		5					
8				3				9
				1				5
					5	6	2	
						7		
9								1
	7	4		8			5	

399

				5				1
3			1		6			2
	6			2			5	
		5		6		8		
			2		9			
	7	4				9	2	
6	9						8	4
				7				
	8						6	

400

	6	4	2			3	5	
				1	5			
			6			9		
		8	1			6		
	5			8	3		2	
3								7
2								8
		7		9				
	1		7	6				

401

	1			7		2		
4		5			9		3	
	6					4		
		1			6			
3			2	5			4	
	4					6		
9		2			3		6	
	7					1		
		8					2	

402

	1			3				4
	4				6		9	
2			8			7		
1							4	
	2			9	7	5		
	6			4				
5			9					
	8			2				6
		7		8		3		

403

		1		7				
		3		9				
	4				2			7
	5				9			8
	6				3			
1		8		4		9		
4		6		1		3		2
	2	9		6	5			

404

	1	2				3	6	
			4	5	6			
		7				8		
5			6		7			4
	8						7	
		9				1		
				7				
		8				4		
	6		5	2	1		9	

405

	1			7			5	
5			4			6		
2			9			1		
	3			6			1	
	2						4	
1						2		
		9	1			4		5
	5			8			6	
4					7			

406

					3	7		
	4			2			6	
6		5		4			9	
3			4					6
	2						7	
		1						
		3						5
5			6				8	
	8	2		5	7		1	

407

	1			9			7	
4		5				8		6
3		8				9		2
7	4		6		1		9	3
				5				
			4		7			
		3				2		
	6						3	
1								4

408

				6			8	
	9		8					6
4		8			3	7		
	4			9			5	
				3			6	
		3			5	8		
	2						9	7
		5	9			4		
				8		1		

409

2							3	1
			9	8		6		
1		7			2			
	1							5
			7	4				
		9			3	7		
	7			5			4	9
9			4			5		
		3			6			

410

				3	6			
			4			6		
		7		1	5		8	
	3					9		
		5		6	4			
			2					
	9				7		4	
6		4		8		1		2
	7		1				9	

411

2						5	8	
				1	5			9
4				6				
	6		4					
		5				9		
1					7		3	
	2		5	8				4
7		3					6	
	9				6	2		

412

					5			
	4	8		1		5		
1						6		
7		9	2		6			
	8			9				3
				3	7			9
						8		7
		5			9		1	
			3	4			5	

413

	5				8			
6		7		4		5		
4		6		7		3		
	8				2			6
	9				3			5
		1		6				8
	2				9		6	
9				8			1	

414

1	5		6	7		4		2
	4							
6			5	4				3
	6	5						
							1	9
9							4	
				6	1			7
7		8			2	3	9	

415

			5		9			
		4		7		6		
	5					4		
	1				7			8
							3	
7	3			1	6	2		4
1		9	4		2			
3					1			
	8			3				

416

	7	2				4	6	
				5				
		8				9		
	9						7	
			1	2	3			
	6	5				1	4	
3		6		1		8		9
		4				7		
			5		9			

417

		4				2		
	6		9				1	
	5			4			7	
		6		9		4		
	7						5	
9					5			8
8								3
	9			1			8	
		3	4		2	7		

418

1								7
			5		6			
		5				9		
	5			4			7	
	6		3		2		5	
4			8		1			3
	3						2	
			7		4			
	4		9		8		6	

419

2				7				6
	1			4			9	
		6				5		
		5		3		6		
	6						4	
1		8				7		9
3								7
	4	2	9		6	1	5	

420

	7	4					2	
				3				
			5		6			
	4	5				8	6	
8								9
3		6		8		7		1
			9		2			
6								5
	5		6		4		8	

421

1		5				4		6
8				2				
			3		4			
3		4				5		7
			7		8			
7				1				9
		3				1		
	8						9	
4		7				6		5

422

	5	6	4		7	8	3	
1								9
			6					
			2		1			
6		5				4		2
	4			9			7	
			3		8			
		4		1		3		
	8						5	

423

		5						
	6		7		4	8		
2				9			1	
1								3
3	9							5
	4	8				6	7	
		1			6			
	7					4		
4			2	8			6	

424

				1	8	7		
9			7				3	
5				3				8
6		3			4			
	5		6			8		
		9				4		3
3				8	6			1
	4	6	5					

425

					6			
	6	4	5	9		1	7	
5								4
	1						3	
		5			3	2		
	4			7				
7					8			
		2			4		5	8
		9		6			2	

426

								6
		9	3	7			2	
	4						7	
	5		6	4			3	
	1		5			7		
					8		4	
				9				7
	7	2	8		1			
1	8					5		

427

			5					
5		6				4		9
	4			1			5	
	5			3			6	
6		4				5		7
1					9			2
	1		4		2		7	
		8		9		3		

428

	5		4			8		6
4		9		7		1		
6				4			3	5
	1		9					
		5			7		2	
				6		2		4
1	8				4		7	
	3							

SUPER SUDOKU 500

레벨 5

429

5				2				4
	4		7		9		6	
		6				2		
	5				4		8	
6								7
	2		3				9	
		1				3		
			4		2			
8	9			3				1

430

		5				2	3	
	2		1		7			8
			4			6		
				5			8	
		6	2		1	3		
	4			6				
		8			4			
			5		9		6	
	7	9				1		

431

2					1			
	4			5	9	1		8
		7	8			6	4	
1								
	8			7		3		
		9						2
			1				3	
			4	8		7	6	
					2			

432

	1						5	
	2		9		5		4	
		5		1		2		
		3				4		
	5		3		8		7	
		7				8		
		8		4		6		
			6		7			
1								8

433

		8	4			1	2	
	7		2		8			9
4		1			7			8
	6					9	7	
		5	3			6	8	
	4		5		1			6
3		6			4			5
	5					3	4	

434

			8	9				
		5				3		6
	2					5		
		6	7	8				
	4					7		
		3				4		1
			9	1				
5								
	1	9		6	3		4	2

435

		2				5		
8					6		2	
7				5				
			5					4
		5					7	
	6					1		
3		1	2					6
6					9		8	
	4		3	6		9		

436

				2	9	8	6	
			1					
		4					3	
	1							8
9			4		6			5
3		8					7	
	2					9		
			3	8				
	6	5	7	9				

437

			1				6	
1	4					5		
	6				5		3	9
	2			5	1	3		
		4					7	
		6						
			7			9	2	
		9		6				8
7			8					

438

	4			1				3
1							7	
	6	5		8			4	
							2	
		1	7		6	9		
	9							
	2			9		1	5	
	8							9
7				4			6	

439

1	5			7	9			
		6				2		
		4					8	
			2	5				3
4				3	6			
	7				4			
	9		1			3	5	
		8						6
			6					7

440

		1	3					5
	6			7			2	
	2			4			1	
	3			8			5	
		6			1			
		5			9			7
		2			8			3
			6	2				8
9								

441

	1			7			3	
		5				2		
4	9						6	8
	5			6			1	
		7				5		
			4		2			
	4		7		9		8	
2								4
	8					2		

442

			1		2			
		6				4		
8	5						3	1
	9			7			2	
5								8
	2					1	4	
		1	7		6	3		
		4		3		7		
				8				

443

			3		6			
				4				
5	6						7	9
7	9			8			4	6
			4		1			
	8			6			5	
	7						8	
		6				1		
		4		2		5		

444

					6	7		
2				4				
3			7			1		2
1						3		5
	4				8			1
		7		9			8	
		6	2	8			3	
			9					7
			5					

445

			1	4				
	5	8		7		4	9	
5								8
			4	5			7	
		3		1		9		
	4			2	6			
6								7
	9	7				8	1	

446

								9
		7		4			1	
4	5		8			6		
			7		6	3		
5		2				4		
		9	2					
		1			2		3	5
	4			1		2		
9								

447

		1	6	9				
	7				5	8		
4							7	
7	8						3	
		2				4		
			9	7	8			
	3							2
2		9	1				6	
				6			5	

448

		2			4		5	
7			5			6		
	1			6				
		4		5			6	
2		8			6	5		
		9						8
3			4				2	
	9			7	8			
		1					4	9

449

					6	3		
				9		5		
	3	7					6	4
6								9
	5			4		6	7	
	4		5					
		6					9	
7			1	5		8		6
8					3			

450

	2				8			
		6		4		9		
			5		1		7	
			7				8	
6		3					5	
		4						2
			9			7	1	
1		7				2		
	4	5					6	

451

				5				
8	6				9	2	7	
			6					
		6		1	5			
	5				7	6		
3			8				2	
2			1				3	
							4	
		1		7	6	8		

452

5	7						6	8
3				2				4
			1					
		2		5		3		
	3		6				8	
8		6						9
	5						1	
4						7		
			7		9			

453

2								
3	5			1			2	
	1			3	4		6	
					6		8	5
1								
	4		3					
	2		9	8			1	
				4			9	6
7								4

454

					7		1	
	5	4						7
6			4			9		
	1		9		3		5	
			6		5			
		3				4	8	
	3							1
		2						5
			1			2	6	

	7						8	4
	9	8		7	3			
						5		
	6				1			
5		4		2			9	
1			8				2	7
		3		4				
	5				6			
		1				6		

5				8			9	
4				1				
	6	7					8	
		6			7	2	4	
				9				
		1	3					
	3				6	7		
		2		3				8
			9		1	4		

457

	1						7	4
		8					3	
			6	3			2	
5			8	4		6		
	6						5	
		4		1	6			3
	3			9	8			
	4					5		
	7						4	

458

					8			
1				6		9		5
	4		2				7	
		5						1
6					9	8		
2					1			6
		7	1				4	
4	9			8		2		
8					2			

459

					1			
2				4		6		5
	6			8			2	
	7				5			3
		3				7	6	
		4						1
	5		6		8		4	
	4	1		7		2		
6								

460

7						9	3	
3					8			5
		6			2			
	3		2		7		6	8
	6			4			5	
		8		5	9	7		
			9				4	
		9		8			7	
	2				6	8		

461

2	6	4						
		5	8					
	8			4	5	7		
9		1					5	
			7					9
				6				8
				9			4	
3		6	5				2	
5				7		9		

462

1				9			8	
	6		8		1			
		5			6			
	1		9	6		8		
		4			3		7	
	9				8			2
	4				2			
	7			1			6	
		3	7					9

463

	2				3			
4		3		5				2
8			6				9	
		1	8			5		
	9			1	6			
		4						
			9					
7		2		3			5	
	3				1	6		8

464

			1	3				4
		5						
	1			2			5	
	9		7			4		1
	2		6				7	
	8			1	4			
		6				9		
4			5	9	6			8
	7						2	

465

1							2	
	5					1		7
8		4			1		3	
5		6			4			
	3					7		
			5	1				
4			6			8		
	6				9			2
		5	7	8			6	

466

					6		2	
9				5		6		1
	8		4					3
3		6	5				8	
	5			8		7		
	4							
	3	4		7		9		
		9	6				5	
1								8

467

7	6				4	5		
		5	8					
	9			3	5	1		
							5	
		6		8				9
	5		6		9			8
	8				6		3	
		1		2			7	
			4			9		

468

	2			4		9		
1		3			8			6
			3				4	
4				6		8		
				3	5	2		9
			1			3		
		9					3	
	1							5
5				7		6		

469

1	3						4	
				5				
			4		2			
4				7				6
		3				9		
	5			3			2	
	1		3		9		5	
	7						1	
6			5					8

470

	2			6	8			
			5			4		
		5		3			8	
	5				4			9
4		8				1		
1			7				4	
2				4		3		6
7					1		2	
	6	9				7		

471

		1	2			7		
	3			1		6		
	2			4			9	1
		3	1	8				
8					9			
		5	7			4		
	9			2			3	
	5			7				6
		4	8				7	5

472

		5						
	2		4					
1		4		3		9		
	3	2	1					
					2	3	1	
				4		5		6
		9			6		4	
	6		7			8		
4	8		3			7		

473

					6		3	2
	1		3			5		
					5			4
6				4				
	4		6					
		5			1	2		
5		9		7			8	
	6	4	5		2	1		7
					9			

474

4				2				
			6		4	7		
		5					3	
	5		1	8				9
	1			9				8
	2	8					6	
2				5			4	
	4	6		1		5		
			4		7			

475

			4	3			2	
	1	5			6			3
	6					7		
		1					8	
	4		7				9	
	3			2		1		
	8		3		4			
		6						8
5							7	

476

			5					
	1	6	2			3		
			3					
			7		8	4		
9		5			2		6	
	5							7
			4	6		8		9
	6			1	9			

477

		1				3		
	6		3		2		1	
4				8				9
6		9				1		3
	3		1		5		2	
			6		4			
5		2				9		6
	4						5	
					8			

478

3						4		
	1				7		8	
		4			1		9	
			6	9				7
6							1	
			7		5		2	
1		6				5		
	3			2			4	
		9		3				6

479

					9	3		
				8			6	
		5	7	1				
	6				8			
3		7		6		4		
2		1		7		6		
	2		4				8	
		6						7
			8	9			4	

480

	8	6	5	4				
	5				6	7		2
		8				4		9
1			9			2		7
	4			6	2			
9								3
			4	2	3		1	

481

	2				1			6
5		6		3		7		8
	4				5			3
		5				3		
9			5				1	7
			6				8	
		4				5		
	5				4			
6						4		9

482

						1		
			6	5	4			
		5			9		6	4
	6			4		8		
1			7				5	9
		8			2			
	8		4			6		
9				8	7		2	
		1				9		

483

	1	4			3	2		
	2						8	
7			6					5
			2			9		
		1		6	5			
8	3				1			6
				9				
		3				8		9
9	5		1	7				

484

4		5		1			7	
		3		7			6	
7		1		6				
		7		8			5	
	4					8		
5						9		
6			5				3	
		4			6			8
	5				2			1

485

	1	5					7	
								9
6			8			1		
5				2			4	
		9	3			6		8
7				9			5	
4			9			3		
								1
	8	7	2					

486

	5							1
6		2		8				
3			5		7	4		8
			4		2		9	
				7				
		7	6		9	8		
	4						5	
8								9
	1	6				7		

487

								7
						5	6	
	9	7			1			
			7		2			
4	1		8			3		6
5		3					2	
3	5			1	4			
				5		6		
	4	8	6				5	

488

		7			3			
	6		4			7		
1				5			4	
					5			3
		8			6			
	9		7	1				
	4						7	2
		3	2			8		
				4	1			

489

	3			4			6	
		1			8	7		
			3					8
				9		2	1	
			4					9
	6	5			2	8		
1				2			5	
4			7					1
	9	8						

490

		6	5			1	3	
	5			7	9			2
	3							7
		8					7	
1			6			9		
				5	4			
9			2			6		
		3		8			4	
	2							1

258

491

	4					8		
6	5	9						
			3		1		5	
			2			1		
		2			3		7	
	6			7				
	8		5			3		
	7	6		4				9
9								8

492

		7	5	6	3			
	6					3		
1							2	
	4			2				1
		6		8			7	
	7							5
	5						1	6
		3	2			9		
				7	1			

493

	5				9			
4					5	8		
		7		3				2
			6					
		2		5			6	3
			4					
		5						6
3	4				8	9		
	1				7			

494

3			7	6			5	
2					4			8
						6		
			5	1			3	
		4			3			2
8		6			2		7	
1	2				5	4		
								6
		7	9					

495

7	9							
				3	5			
				6		4		
			6	1			7	
		6			7			8
	5		8			2		
5			4			3		9
	6		3		9		8	
		9				1		

496

		9				6		
	5						4	
6				2	3	5		7
			9				1	
		8			1	3		
	6			4				
	9			7		2	8	
		7			5			9
			3				6	

497

		6	4	3			1	8
	4			1			6	
		4	8					5
			6		7			
1						6		
	8			4			5	
	2			7				
9	7			8	2	3	4	

498

			5				9	2
		4		1		7		
	1				6			5
1			8				5	
		9				6	2	
6					4			
	6			5				
		7	4			2		
					3		8	4

499

	5		1		8		6	
3				5				9
	2						1	
		2	5		7	4		
				6				
		6	3		4	2		
	4						2	
6				2				1
	3			9			8	

500

						1		
		6	5	4			3	
	5				1			2
	6	8		5	2			3
1			3				6	
3			6				5	
6				7		4		
	4							
		9		3	6			

SUPER SUDOKU 500

해답

001

1	6	3	7	2	4	5	8	9
5	4	9	1	8	3	7	2	6
2	7	8	5	9	6	3	4	1
4	3	1	2	6	5	9	7	8
8	9	7	3	4	1	6	5	2
6	5	2	8	7	9	1	3	4
3	2	4	6	1	7	8	9	5
7	8	6	9	5	2	4	1	3
9	1	5	4	3	8	2	6	7

002

8	3	5	1	6	9	4	7	2
9	1	4	3	7	2	6	8	5
2	6	7	4	5	8	1	9	3
3	2	6	5	8	4	7	1	9
7	8	9	2	1	3	5	4	6
4	5	1	6	9	7	2	3	8
5	9	8	7	2	1	3	6	4
6	7	3	8	4	5	9	2	1
1	4	2	9	3	6	8	5	7

003

9	8	6	1	3	2	7	4	5
7	5	2	4	6	8	3	9	1
4	1	3	5	7	9	2	8	6
1	6	4	7	2	5	8	3	9
8	2	7	9	1	3	5	6	4
3	9	5	8	4	6	1	7	2
5	4	1	3	9	7	6	2	8
6	7	8	2	5	4	9	1	3
2	3	9	6	8	1	4	5	7

004

1	9	7	3	6	8	4	2	5
8	3	6	4	2	5	1	7	9
2	5	4	1	9	7	8	3	6
6	8	1	2	7	9	5	4	3
9	7	3	5	4	1	6	8	2
5	4	2	6	8	3	7	9	1
4	1	5	7	3	2	9	6	8
3	6	8	9	5	4	2	1	7
7	2	9	8	1	6	3	5	4

005

5	7	1	2	3	6	4	8	9
2	8	4	5	9	1	7	6	3
9	3	6	4	7	8	2	5	1
1	5	7	8	2	3	6	9	4
8	4	9	6	1	7	5	3	2
6	2	3	9	4	5	1	7	8
7	9	2	3	6	4	8	1	5
4	1	5	7	8	9	3	2	6
3	6	8	1	5	2	9	4	7

006

4	1	8	3	9	2	5	7	6
3	9	5	1	7	6	4	2	8
7	6	2	8	5	4	9	1	3
8	5	6	2	1	9	3	4	7
2	3	1	6	4	7	8	9	5
9	4	7	5	8	3	2	6	1
1	7	3	4	2	8	6	5	9
6	2	9	7	3	5	1	8	4
5	8	4	9	6	1	7	3	2

007

4	2	6	8	7	9	1	5	3
8	3	9	5	1	4	7	6	2
7	1	5	2	6	3	4	8	9
9	5	4	1	8	6	3	2	7
1	6	2	3	5	7	8	9	4
3	7	8	4	9	2	6	1	5
2	9	1	7	4	8	5	3	6
5	4	3	6	2	1	9	7	8
6	8	7	9	3	5	2	4	1

008

1	8	6	5	9	7	2	3	4
2	4	3	8	1	6	9	7	5
7	5	9	2	4	3	1	6	8
5	7	4	9	8	1	6	2	3
3	9	2	4	6	5	7	8	1
6	1	8	7	3	2	4	5	9
8	2	5	1	7	4	3	9	6
4	6	7	3	5	9	8	1	2
9	3	1	6	2	8	5	4	7

009

5	7	9	3	4	1	8	2	6
6	1	2	9	8	7	5	4	3
4	3	8	5	6	2	9	1	7
7	4	3	8	1	9	6	5	2
9	5	6	2	7	3	1	8	4
2	8	1	4	5	6	3	7	9
3	9	4	1	2	8	7	6	5
1	2	7	6	3	5	4	9	8
8	6	5	7	9	4	2	3	1

010

4	5	6	3	1	2	8	9	7
1	8	7	5	9	6	3	2	4
2	9	3	8	7	4	6	5	1
9	2	8	4	3	7	5	1	6
7	3	5	2	6	1	9	4	8
6	4	1	9	5	8	2	7	3
8	7	4	6	2	5	1	3	9
5	1	9	7	8	3	4	6	2
3	6	2	1	4	9	7	8	5

011

1	8	7	5	3	4	2	9	6
3	5	9	1	6	2	8	4	7
6	2	4	8	9	7	5	3	1
4	3	5	9	1	8	7	6	2
7	9	8	6	2	5	4	1	3
2	6	1	4	7	3	9	8	5
5	1	6	7	8	9	3	2	4
9	4	2	3	5	1	6	7	8
8	7	3	2	4	6	1	5	9

012

8	5	7	3	9	6	4	2	1
1	9	6	4	2	8	5	3	7
3	2	4	1	7	5	9	8	6
9	7	8	6	5	2	3	1	4
4	3	5	8	1	7	2	6	9
2	6	1	9	4	3	7	5	8
5	4	9	2	8	1	6	7	3
7	8	3	5	6	9	1	4	2
6	1	2	7	3	4	8	9	5

013

2	1	6	4	3	9	7	8	5
9	5	7	1	6	8	3	4	2
3	8	4	7	2	5	1	9	6
1	3	5	2	9	6	8	7	4
8	4	2	5	1	7	9	6	3
6	7	9	8	4	3	5	2	1
7	6	1	3	8	2	4	5	9
4	9	8	6	5	1	2	3	7
5	2	3	9	7	4	6	1	8

014

7	6	8	5	2	4	9	3	1
4	3	5	9	6	1	2	8	7
2	9	1	7	8	3	5	6	4
5	7	2	3	1	9	6	4	8
8	1	3	4	5	6	7	9	2
9	4	6	2	7	8	3	1	5
1	5	9	6	4	7	8	2	3
3	8	7	1	9	2	4	5	6
6	2	4	8	3	5	1	7	9

015

2	4	9	6	1	8	7	3	5
3	1	8	4	7	5	2	9	6
7	6	5	2	9	3	8	4	1
8	5	2	9	3	4	1	6	7
6	3	4	1	2	7	5	8	9
9	7	1	5	8	6	3	2	4
1	9	3	7	6	2	4	5	8
4	2	6	8	5	1	9	7	3
5	8	7	3	4	9	6	1	2

016

5	7	9	3	4	6	1	2	8
8	4	6	1	5	2	7	3	9
3	2	1	8	9	7	6	4	5
4	3	7	5	6	8	9	1	2
1	5	2	9	3	4	8	6	7
9	6	8	2	7	1	4	5	3
6	9	4	7	2	5	3	8	1
7	1	5	4	8	3	2	9	6
2	8	3	6	1	9	5	7	4

017

1	7	9	8	2	6	5	3	4
3	8	4	1	5	7	2	6	9
5	6	2	9	4	3	7	8	1
8	4	6	7	3	9	1	5	2
2	9	3	5	1	4	6	7	8
7	1	5	6	8	2	4	9	3
4	5	7	2	9	8	3	1	6
6	3	8	4	7	1	9	2	5
9	2	1	3	6	5	8	4	7

018

4	8	1	7	6	2	5	3	9
7	5	3	9	1	8	4	6	2
6	9	2	3	5	4	8	1	7
5	1	7	8	4	3	9	2	6
2	6	4	5	7	9	3	8	1
9	3	8	6	2	1	7	5	4
8	2	9	4	3	6	1	7	5
3	7	6	1	9	5	2	4	8
1	4	5	2	8	7	6	9	3

019

2	8	4	6	3	7	1	9	5
5	3	9	1	4	2	8	6	7
1	7	6	5	9	8	3	2	4
8	4	3	7	6	9	5	1	2
9	5	1	8	2	4	6	7	3
7	6	2	3	5	1	9	4	8
6	1	7	4	8	5	2	3	9
4	2	8	9	1	3	7	5	6
3	9	5	2	7	6	4	8	1

020

9	6	1	3	4	5	8	2	7
8	2	3	7	6	9	4	5	1
7	4	5	2	8	1	3	6	9
1	9	8	6	2	3	5	7	4
2	3	7	5	9	4	6	1	8
4	5	6	1	7	8	2	9	3
6	8	9	4	5	7	1	3	2
5	1	4	9	3	2	7	8	6
3	7	2	8	1	6	9	4	5

021

5	8	9	3	4	6	7	1	2
4	1	2	5	7	8	3	6	9
3	7	6	1	9	2	4	8	5
2	3	8	4	5	1	9	7	6
9	6	5	8	3	7	2	4	1
7	4	1	6	2	9	5	3	8
6	5	4	2	8	3	1	9	7
8	2	7	9	1	4	6	5	3
1	9	3	7	6	5	8	2	4

022

4	5	7	1	9	8	3	6	2
3	6	1	2	5	7	8	4	9
9	2	8	4	3	6	5	1	7
5	9	2	8	6	3	4	7	1
6	8	4	9	7	1	2	5	3
1	7	3	5	2	4	9	8	6
8	3	9	6	1	5	7	2	4
7	1	5	3	4	2	6	9	8
2	4	6	7	8	9	1	3	5

023

5	3	9	6	7	8	1	2	4
7	6	4	1	5	2	8	3	9
1	8	2	3	4	9	5	6	7
2	1	5	7	3	6	4	9	8
3	7	8	4	9	5	2	1	6
9	4	6	8	2	1	7	5	3
6	5	1	9	8	7	3	4	2
8	2	3	5	6	4	9	7	1
4	9	7	2	1	3	6	8	5

024

8	1	7	4	9	3	2	5	6
4	5	2	8	7	6	1	3	9
3	6	9	2	5	1	7	8	4
1	9	5	6	8	4	3	7	2
2	3	4	7	1	9	8	6	5
7	8	6	3	2	5	4	9	1
6	7	8	5	4	2	9	1	3
9	4	3	1	6	7	5	2	8
5	2	1	9	3	8	6	4	7

025

2	9	3	1	5	4	6	7	8
4	1	5	7	6	8	9	2	3
8	6	7	9	3	2	1	5	4
1	3	9	4	2	7	8	6	5
5	7	2	8	9	6	4	3	1
6	8	4	5	1	3	7	9	2
7	2	8	3	4	9	5	1	6
9	5	6	2	8	1	3	4	7
3	4	1	6	7	5	2	8	9

026

7	6	1	4	2	9	5	3	8
9	8	2	3	7	5	4	1	6
4	5	3	1	6	8	2	7	9
6	3	9	7	8	2	1	5	4
5	2	7	9	4	1	6	8	3
1	4	8	6	5	3	7	9	2
3	9	4	2	1	7	8	6	5
8	1	6	5	3	4	9	2	7
2	7	5	8	9	6	3	4	1

027

4	8	6	7	2	3	5	1	9
2	7	1	5	6	9	4	8	3
3	9	5	4	1	8	2	6	7
5	4	8	1	3	7	6	9	2
6	3	9	2	4	5	8	7	1
7	1	2	8	9	6	3	4	5
9	5	4	3	8	1	7	2	6
8	6	3	9	7	2	1	5	4
1	2	7	6	5	4	9	3	8

028

2	7	9	8	4	3	6	5	1
5	3	1	9	6	7	8	2	4
8	6	4	5	2	1	3	9	7
1	9	2	3	5	4	7	8	6
3	5	7	1	8	6	2	4	9
4	8	6	2	7	9	5	1	3
9	1	5	6	3	2	4	7	8
7	2	3	4	9	8	1	6	5
6	4	8	7	1	5	9	3	2

029

7	6	2	5	4	1	3	8	9
8	4	3	2	9	7	5	1	6
1	9	5	8	6	3	7	4	2
9	2	7	1	5	4	8	6	3
6	3	4	7	8	9	1	2	5
5	1	8	3	2	6	9	7	4
2	5	9	6	7	8	4	3	1
4	8	1	9	3	2	6	5	7
3	7	6	4	1	5	2	9	8

030

3	5	1	7	4	9	6	2	8
7	2	8	3	1	6	5	9	4
9	6	4	2	8	5	3	1	7
4	8	3	5	6	1	9	7	2
2	9	5	4	7	8	1	3	6
6	1	7	9	3	2	4	8	5
5	4	9	1	2	7	8	6	3
8	3	2	6	9	4	7	5	1
1	7	6	8	5	3	2	4	9

031

8	1	6	9	5	7	3	4	2
9	3	7	6	2	4	8	1	5
4	2	5	1	8	3	6	9	7
7	6	8	4	3	1	2	5	9
3	4	2	7	9	5	1	8	6
1	5	9	2	6	8	7	3	4
2	8	4	5	1	6	9	7	3
6	7	3	8	4	9	5	2	1
5	9	1	3	7	2	4	6	8

032

9	3	8	1	5	6	2	4	7
6	4	2	9	3	7	8	1	5
7	5	1	4	8	2	3	9	6
5	2	7	6	9	3	1	8	4
1	8	3	7	4	5	6	2	9
4	6	9	8	2	1	7	5	3
3	9	4	2	6	8	5	7	1
2	1	6	5	7	9	4	3	8
8	7	5	3	1	4	9	6	2

033

2	7	4	1	6	8	9	3	5
8	5	6	4	3	9	1	7	2
1	9	3	2	7	5	6	4	8
5	1	7	6	4	2	8	9	3
4	3	8	9	5	1	2	6	7
6	2	9	3	8	7	5	1	4
9	8	2	7	1	3	4	5	6
3	4	5	8	9	6	7	2	1
7	6	1	5	2	4	3	8	9

034

7	3	8	6	1	2	4	9	5
9	6	5	4	7	3	2	1	8
4	1	2	8	5	9	6	3	7
8	5	6	3	9	1	7	4	2
1	7	3	5	2	4	9	8	6
2	9	4	7	6	8	1	5	3
3	4	1	2	8	6	5	7	9
5	2	9	1	3	7	8	6	4
6	8	7	9	4	5	3	2	1

035

1	4	8	6	5	7	2	9	3
9	5	3	8	2	4	1	6	7
2	7	6	3	9	1	8	5	4
4	1	2	9	7	8	5	3	6
5	8	9	2	6	3	4	7	1
6	3	7	1	4	5	9	2	8
7	2	1	4	3	9	6	8	5
3	9	4	5	8	6	7	1	2
8	6	5	7	1	2	3	4	9

036

1	2	5	6	8	3	9	4	7
3	8	7	4	9	2	5	6	1
4	6	9	7	1	5	3	8	2
7	5	3	2	4	6	1	9	8
6	1	8	3	5	9	7	2	4
2	9	4	8	7	1	6	3	5
5	4	1	9	3	8	2	7	6
9	7	6	5	2	4	8	1	3
8	3	2	1	6	7	4	5	9

037

4	8	1	2	3	6	5	7	9
7	5	3	9	8	1	2	6	4
6	2	9	4	5	7	1	3	8
2	9	8	1	7	4	3	5	6
5	6	4	3	2	9	8	1	7
1	3	7	5	6	8	9	4	2
3	7	6	8	1	2	4	9	5
8	4	5	6	9	3	7	2	1
9	1	2	7	4	5	6	8	3

038

4	6	1	8	3	7	9	5	2
5	3	2	9	1	4	7	8	6
9	7	8	2	6	5	4	3	1
8	4	3	1	2	9	5	6	7
6	2	5	7	8	3	1	9	4
1	9	7	4	5	6	3	2	8
2	8	9	5	7	1	6	4	3
7	5	6	3	4	2	8	1	9
3	1	4	6	9	8	2	7	5

039

6	5	2	3	1	4	7	8	9
8	1	7	2	6	9	4	5	3
3	4	9	7	5	8	2	1	6
4	2	3	6	7	5	1	9	8
5	7	1	8	9	2	3	6	4
9	6	8	4	3	1	5	2	7
7	8	5	9	2	3	6	4	1
1	3	4	5	8	6	9	7	2
2	9	6	1	4	7	8	3	5

040

5	8	2	9	7	4	6	1	3
3	7	4	1	6	2	9	5	8
1	6	9	8	5	3	2	4	7
8	1	5	6	3	7	4	9	2
2	9	3	5	4	1	7	8	6
6	4	7	2	8	9	5	3	1
9	3	6	7	1	5	8	2	4
4	2	8	3	9	6	1	7	5
7	5	1	4	2	8	3	6	9

041

2	8	5	1	7	9	6	4	3
7	3	9	4	2	6	5	1	8
6	4	1	5	3	8	2	9	7
9	2	6	3	8	1	7	5	4
4	1	8	7	9	5	3	6	2
5	7	3	2	6	4	9	8	1
3	5	4	9	1	2	8	7	6
1	6	2	8	5	7	4	3	9
8	9	7	6	4	3	1	2	5

042

8	6	4	9	7	3	1	2	5
1	3	5	6	2	8	4	9	7
2	9	7	5	4	1	3	6	8
9	5	6	2	3	4	8	7	1
4	7	1	8	6	9	5	3	2
3	8	2	7	1	5	9	4	6
5	2	3	4	8	6	7	1	9
6	1	9	3	5	7	2	8	4
7	4	8	1	9	2	6	5	3

043

4	2	7	9	6	1	8	3	5
3	9	6	5	8	4	7	1	2
1	8	5	3	7	2	9	4	6
6	5	9	2	3	8	1	7	4
2	1	8	7	4	6	5	9	3
7	4	3	1	9	5	2	6	8
8	6	2	4	1	9	3	5	7
5	3	1	6	2	7	4	8	9
9	7	4	8	5	3	6	2	1

044

7	9	8	5	4	2	3	1	6
4	1	2	7	3	6	8	5	9
5	3	6	8	1	9	4	2	7
9	4	5	6	7	3	1	8	2
2	6	3	1	5	8	9	7	4
8	7	1	2	9	4	5	6	3
1	5	4	9	2	7	6	3	8
6	2	9	3	8	1	7	4	5
3	8	7	4	6	5	2	9	1

045

8	5	1	7	9	6	3	4	2
4	7	2	3	8	5	1	9	6
3	6	9	1	2	4	5	7	8
1	2	3	4	5	7	8	6	9
6	8	7	2	3	9	4	5	1
5	9	4	8	6	1	2	3	7
2	4	8	9	7	3	6	1	5
9	1	5	6	4	8	7	2	3
7	3	6	5	1	2	9	8	4

046

7	2	6	8	4	1	9	5	3
4	3	1	2	9	5	7	6	8
8	5	9	6	3	7	2	4	1
5	1	2	9	7	6	3	8	4
3	7	8	5	2	4	6	1	9
6	9	4	1	8	3	5	7	2
2	8	7	4	5	9	1	3	6
1	4	3	7	6	2	8	9	5
9	6	5	3	1	8	4	2	7

047

2	3	6	1	7	9	8	4	5
4	7	1	6	8	5	2	3	9
9	5	8	2	3	4	1	6	7
6	8	5	3	9	1	7	2	4
3	1	4	8	2	7	9	5	6
7	2	9	4	5	6	3	8	1
1	6	2	7	4	3	5	9	8
8	9	7	5	6	2	4	1	3
5	4	3	9	1	8	6	7	2

048

4	2	7	5	9	3	1	6	8
3	8	9	1	7	6	2	5	4
6	5	1	2	8	4	3	9	7
5	3	8	6	2	9	7	4	1
9	1	6	3	4	7	5	8	2
2	7	4	8	5	1	9	3	6
8	9	3	7	6	2	4	1	5
7	4	5	9	1	8	6	2	3
1	6	2	4	3	5	8	7	9

049

5	4	7	3	6	2	9	1	8
1	8	2	4	5	9	3	7	6
3	6	9	8	7	1	5	4	2
2	9	4	1	8	6	7	3	5
7	5	1	2	4	3	8	6	9
8	3	6	7	9	5	1	2	4
9	7	5	6	3	4	2	8	1
6	1	3	9	2	8	4	5	7
4	2	8	5	1	7	6	9	3

050

3	5	4	8	6	2	1	9	7
6	1	7	4	9	3	2	5	8
8	2	9	7	5	1	4	3	6
5	6	2	1	4	7	9	8	3
1	9	8	5	3	6	7	4	2
7	4	3	2	8	9	6	1	5
4	8	1	6	7	5	3	2	9
9	7	5	3	2	4	8	6	1
2	3	6	9	1	8	5	7	4

051

2	4	3	5	9	7	6	8	1
8	6	1	4	3	2	9	7	5
9	5	7	6	1	8	4	2	3
7	1	6	9	2	5	8	3	4
5	9	2	8	4	3	1	6	7
3	8	4	7	6	1	2	5	9
4	2	9	3	5	6	7	1	8
1	7	5	2	8	9	3	4	6
6	3	8	1	7	4	5	9	2

052

2	8	9	6	1	5	7	4	3
5	3	7	4	8	2	6	1	9
1	4	6	7	9	3	5	2	8
7	5	3	2	6	8	4	9	1
8	9	2	1	4	7	3	6	5
4	6	1	3	5	9	2	8	7
6	7	5	9	2	1	8	3	4
9	2	8	5	3	4	1	7	6
3	1	4	8	7	6	9	5	2

053

1	6	4	3	8	2	5	7	9
8	7	9	1	5	4	6	3	2
5	3	2	7	6	9	4	1	8
6	5	7	9	2	8	3	4	1
4	8	3	5	1	7	2	9	6
9	2	1	4	3	6	8	5	7
3	1	6	8	9	5	7	2	4
2	4	5	6	7	1	9	8	3
7	9	8	2	4	3	1	6	5

054

4	3	8	6	2	5	7	1	9
9	2	5	3	7	1	6	4	8
1	6	7	8	4	9	2	3	5
8	9	2	5	6	4	3	7	1
3	7	6	1	9	2	5	8	4
5	4	1	7	8	3	9	6	2
2	8	3	9	1	7	4	5	6
7	1	9	4	5	6	8	2	3
6	5	4	2	3	8	1	9	7

055

7	6	1	5	4	3	8	9	2
9	8	2	1	7	6	5	4	3
5	4	3	2	9	8	1	6	7
6	9	8	4	3	5	7	2	1
4	3	7	8	2	1	6	5	9
1	2	5	9	6	7	4	3	8
8	1	9	3	5	4	2	7	6
3	7	4	6	8	2	9	1	5
2	5	6	7	1	9	3	8	4

056

1	7	6	9	8	3	4	5	2
9	4	5	2	1	6	3	7	8
8	3	2	4	5	7	6	9	1
5	1	8	3	4	9	7	2	6
4	2	3	6	7	5	8	1	9
7	6	9	8	2	1	5	3	4
6	8	1	7	3	2	9	4	5
2	9	7	5	6	4	1	8	3
3	5	4	1	9	8	2	6	7

057

6	4	9	8	7	5	2	3	1
1	8	3	6	2	9	5	4	7
5	7	2	1	4	3	9	8	6
4	1	7	9	8	6	3	5	2
2	9	6	5	3	7	4	1	8
8	3	5	2	1	4	6	7	9
3	6	1	7	5	2	8	9	4
7	2	4	3	9	8	1	6	5
9	5	8	4	6	1	7	2	3

058

7	8	9	5	3	4	6	1	2
4	3	2	1	9	6	7	5	8
6	5	1	7	2	8	4	9	3
9	6	3	2	8	1	5	4	7
2	7	8	6	4	5	9	3	1
1	4	5	3	7	9	2	8	6
5	9	7	8	1	2	3	6	4
8	2	4	9	6	3	1	7	5
3	1	6	4	5	7	8	2	9

059

2	6	8	7	5	4	1	3	9
4	1	9	3	2	8	5	7	6
5	7	3	6	9	1	8	2	4
1	5	4	8	3	7	9	6	2
8	9	7	2	4	6	3	5	1
3	2	6	5	1	9	4	8	7
6	4	2	1	8	3	7	9	5
9	8	5	4	7	2	6	1	3
7	3	1	9	6	5	2	4	8

060

7	6	2	3	4	9	8	1	5
5	3	8	1	2	7	9	6	4
9	4	1	8	6	5	2	7	3
8	5	9	7	3	4	1	2	6
4	2	7	6	1	8	3	5	9
3	1	6	9	5	2	4	8	7
2	7	5	4	8	3	6	9	1
6	9	4	2	7	1	5	3	8
1	8	3	5	9	6	7	4	2

061

9	3	4	1	8	6	7	2	5
2	1	8	7	4	5	9	3	6
7	5	6	3	9	2	8	4	1
6	4	2	8	3	1	5	9	7
1	8	9	5	2	7	4	6	3
5	7	3	4	6	9	1	8	2
8	6	1	9	5	3	2	7	4
4	2	5	6	7	8	3	1	9
3	9	7	2	1	4	6	5	8

062

5	7	6	3	8	9	4	2	1
8	9	1	2	6	4	7	5	3
4	2	3	5	7	1	6	8	9
2	1	5	6	3	8	9	4	7
6	8	4	9	5	7	3	1	2
9	3	7	4	1	2	5	6	8
3	4	8	7	2	6	1	9	5
1	5	9	8	4	3	2	7	6
7	6	2	1	9	5	8	3	4

063

1	3	6	2	9	7	4	5	8
9	2	4	5	3	8	6	1	7
7	8	5	1	4	6	2	9	3
5	7	1	6	2	3	8	4	9
3	6	8	9	1	4	7	2	5
2	4	9	8	7	5	3	6	1
4	1	3	7	5	2	9	8	6
6	9	2	3	8	1	5	7	4
8	5	7	4	6	9	1	3	2

064

9	3	5	8	2	1	6	4	7
8	2	6	4	3	7	1	5	9
1	7	4	9	6	5	8	3	2
4	9	8	3	7	2	5	6	1
2	6	1	5	4	8	7	9	3
7	5	3	1	9	6	4	2	8
6	1	7	2	5	9	3	8	4
3	8	9	6	1	4	2	7	5
5	4	2	7	8	3	9	1	6

065

5	8	3	1	9	2	6	7	4
2	9	6	8	4	7	5	1	3
4	1	7	3	6	5	2	8	9
9	3	5	6	2	1	8	4	7
6	4	2	7	3	8	9	5	1
1	7	8	4	5	9	3	6	2
8	6	4	2	1	3	7	9	5
3	5	1	9	7	6	4	2	8
7	2	9	5	8	4	1	3	6

066

1	9	3	7	8	2	6	4	5
2	4	6	5	1	3	7	8	9
5	8	7	9	6	4	2	1	3
3	7	9	4	2	1	5	6	8
6	1	5	8	7	9	3	2	4
8	2	4	3	5	6	9	7	1
7	6	8	1	9	5	4	3	2
4	5	2	6	3	8	1	9	7
9	3	1	2	4	7	8	5	6

067

3	5	8	7	1	9	4	6	2
1	2	9	6	4	5	7	3	8
7	4	6	2	3	8	9	1	5
8	6	1	3	5	4	2	9	7
4	7	3	9	2	6	8	5	1
5	9	2	8	7	1	3	4	6
2	1	7	5	9	3	6	8	4
6	3	4	1	8	7	5	2	9
9	8	5	4	6	2	1	7	3

068

7	9	6	2	8	5	3	1	4
3	2	4	9	6	1	5	7	8
5	1	8	7	4	3	6	9	2
8	5	7	3	2	6	1	4	9
2	3	9	1	5	4	8	6	7
6	4	1	8	7	9	2	5	3
1	8	2	5	9	7	4	3	6
9	6	5	4	3	8	7	2	1
4	7	3	6	1	2	9	8	5

069

6	5	3	8	7	4	2	1	9
9	4	2	1	6	3	5	7	8
7	1	8	5	2	9	6	4	3
5	3	7	6	4	8	9	2	1
1	6	4	2	9	5	8	3	7
2	8	9	7	3	1	4	6	5
3	9	1	4	5	6	7	8	2
4	7	5	3	8	2	1	9	6
8	2	6	9	1	7	3	5	4

070

2	1	8	6	9	5	3	7	4
4	6	3	8	7	1	9	5	2
7	9	5	2	4	3	6	8	1
9	8	1	5	2	4	7	3	6
3	5	4	7	6	9	2	1	8
6	7	2	1	3	8	5	4	9
8	4	7	9	5	2	1	6	3
5	3	9	4	1	6	8	2	7
1	2	6	3	8	7	4	9	5

071

6	3	5	1	8	9	2	4	7
8	4	7	2	5	6	3	1	9
2	1	9	4	7	3	8	6	5
5	6	3	8	9	7	1	2	4
7	9	4	3	1	2	6	5	8
1	8	2	6	4	5	7	9	3
4	7	1	9	2	8	5	3	6
9	5	6	7	3	1	4	8	2
3	2	8	5	6	4	9	7	1

072

3	1	6	7	2	9	8	4	5
7	8	5	3	4	1	6	9	2
9	2	4	6	8	5	3	7	1
4	3	1	5	7	2	9	8	6
8	6	2	1	9	4	5	3	7
5	9	7	8	3	6	2	1	4
1	5	3	9	6	7	4	2	8
2	7	9	4	5	8	1	6	3
6	4	8	2	1	3	7	5	9

073

5	7	2	3	1	4	9	8	6
1	6	3	8	5	9	2	4	7
8	4	9	6	2	7	1	5	3
4	8	6	2	3	1	5	7	9
2	5	1	7	9	8	3	6	4
9	3	7	5	4	6	8	2	1
7	1	5	9	6	2	4	3	8
6	2	4	1	8	3	7	9	5
3	9	8	4	7	5	6	1	2

074

5	6	8	2	1	9	4	3	7
3	4	7	6	5	8	1	9	2
2	9	1	4	7	3	8	6	5
1	8	4	7	3	6	2	5	9
9	7	5	1	2	4	3	8	6
6	3	2	9	8	5	7	4	1
8	2	6	3	9	1	5	7	4
4	1	3	5	6	7	9	2	8
7	5	9	8	4	2	6	1	3

075

8	6	5	4	3	1	7	9	2
1	4	3	9	2	7	6	8	5
7	9	2	8	5	6	4	1	3
9	8	7	6	4	3	5	2	1
4	2	6	1	8	5	9	3	7
5	3	1	2	7	9	8	6	4
3	1	9	5	6	4	2	7	8
6	5	8	7	1	2	3	4	9
2	7	4	3	9	8	1	5	6

076

2	8	1	5	6	4	9	3	7
7	3	4	9	2	1	6	8	5
6	5	9	3	8	7	2	4	1
3	9	5	2	7	8	4	1	6
8	1	6	4	3	9	5	7	2
4	2	7	1	5	6	3	9	8
1	7	3	6	4	5	8	2	9
5	4	8	7	9	2	1	6	3
9	6	2	8	1	3	7	5	4

077

3	7	8	1	4	2	6	9	5
9	6	2	3	7	5	8	4	1
5	4	1	6	8	9	2	3	7
1	8	3	4	5	6	9	7	2
2	5	4	8	9	7	3	1	6
7	9	6	2	1	3	4	5	8
8	1	9	5	6	4	7	2	3
6	3	7	9	2	1	5	8	4
4	2	5	7	3	8	1	6	9

078

9	3	7	8	5	1	2	4	6
6	5	1	4	3	2	9	7	8
2	8	4	6	7	9	3	1	5
1	2	6	9	8	4	7	5	3
5	7	8	1	2	3	6	9	4
4	9	3	7	6	5	1	8	2
3	1	5	2	4	7	8	6	9
7	6	2	5	9	8	4	3	1
8	4	9	3	1	6	5	2	7

079

9	7	6	5	2	1	8	3	4
1	4	8	3	6	9	5	2	7
3	5	2	8	7	4	6	1	9
2	3	4	1	9	5	7	6	8
5	6	7	2	8	3	4	9	1
8	9	1	7	4	6	2	5	3
4	8	3	9	5	2	1	7	6
7	1	5	6	3	8	9	4	2
6	2	9	4	1	7	3	8	5

080

8	3	1	4	5	9	7	2	6
4	6	9	7	1	2	3	8	5
7	5	2	6	8	3	1	9	4
6	8	3	5	9	1	4	7	2
1	2	4	8	6	7	9	5	3
5	9	7	2	3	4	6	1	8
2	4	6	9	7	8	5	3	1
9	1	8	3	4	5	2	6	7
3	7	5	1	2	6	8	4	9

081

9	1	2	6	8	4	5	3	7
8	5	6	7	3	9	2	1	4
4	3	7	5	2	1	6	8	9
2	9	1	3	6	7	4	5	8
7	6	5	1	4	8	3	9	2
3	8	4	2	9	5	7	6	1
1	7	9	4	5	3	8	2	6
6	4	3	8	1	2	9	7	5
5	2	8	9	7	6	1	4	3

082

2	5	9	8	6	3	1	4	7
6	3	4	1	2	7	5	8	9
8	7	1	5	9	4	6	3	2
5	4	3	6	7	9	8	2	1
1	9	6	2	3	8	7	5	4
7	8	2	4	5	1	9	6	3
4	2	7	9	8	5	3	1	6
3	6	5	7	1	2	4	9	8
9	1	8	3	4	6	2	7	5

083

2	7	3	9	8	5	6	4	1
1	8	6	7	4	2	9	5	3
9	4	5	6	3	1	7	8	2
6	2	4	8	9	7	1	3	5
3	1	8	5	2	6	4	7	9
7	5	9	4	1	3	2	6	8
5	6	1	2	7	8	3	9	4
8	9	2	3	6	4	5	1	7
4	3	7	1	5	9	8	2	6

084

8	4	9	5	2	6	1	3	7
5	2	1	8	3	7	4	9	6
6	3	7	1	4	9	2	8	5
3	7	8	4	9	5	6	2	1
2	1	4	3	6	8	5	7	9
9	5	6	2	7	1	3	4	8
7	6	3	9	1	2	8	5	4
4	9	5	6	8	3	7	1	2
1	8	2	7	5	4	9	6	3

085

9	2	7	1	8	5	6	4	3
8	5	4	2	6	3	1	9	7
1	6	3	4	9	7	8	5	2
5	7	6	8	3	4	2	1	9
3	4	9	6	1	2	5	7	8
2	8	1	7	5	9	3	6	4
4	3	5	9	2	6	7	8	1
7	1	2	5	4	8	9	3	6
6	9	8	3	7	1	4	2	5

086

6	8	7	4	1	3	9	2	5
9	1	4	8	5	2	7	3	6
2	5	3	6	9	7	8	4	1
4	7	5	2	6	9	1	8	3
8	2	1	3	7	5	6	9	4
3	9	6	1	4	8	5	7	2
7	6	9	5	3	4	2	1	8
5	3	8	7	2	1	4	6	9
1	4	2	9	8	6	3	5	7

087

2	3	7	4	1	9	5	8	6
9	5	8	7	3	6	4	2	1
4	1	6	8	5	2	3	9	7
7	9	5	6	2	8	1	4	3
8	4	1	3	9	7	6	5	2
3	6	2	1	4	5	9	7	8
6	2	3	9	7	4	8	1	5
5	8	9	2	6	1	7	3	4
1	7	4	5	8	3	2	6	9

088

8	7	3	2	6	9	5	1	4
6	4	1	5	3	7	9	8	2
9	5	2	8	1	4	3	7	6
5	6	7	9	2	1	4	3	8
3	1	9	6	4	8	2	5	7
2	8	4	7	5	3	6	9	1
7	2	8	4	9	5	1	6	3
1	9	6	3	8	2	7	4	5
4	3	5	1	7	6	8	2	9

089

4	7	2	3	1	8	6	5	9
1	3	5	9	2	6	7	8	4
8	9	6	4	5	7	1	3	2
2	5	1	8	6	3	9	4	7
9	6	8	7	4	1	3	2	5
3	4	7	5	9	2	8	1	6
7	8	4	2	3	9	5	6	1
5	1	3	6	7	4	2	9	8
6	2	9	1	8	5	4	7	3

090

8	6	3	2	5	9	7	1	4
2	5	7	3	1	4	9	6	8
4	9	1	8	6	7	3	5	2
3	8	6	4	9	2	5	7	1
7	2	9	5	3	1	4	8	6
5	1	4	6	7	8	2	9	3
9	4	5	1	8	3	6	2	7
1	7	2	9	4	6	8	3	5
6	3	8	7	2	5	1	4	9

091

6	2	1	8	3	7	4	5	9
7	4	5	6	9	1	8	3	2
9	8	3	2	5	4	7	6	1
1	7	8	4	2	3	6	9	5
4	3	9	5	7	6	2	1	8
2	5	6	9	1	8	3	4	7
3	1	2	7	4	5	9	8	6
8	9	4	1	6	2	5	7	3
5	6	7	3	8	9	1	2	4

092

4	2	5	8	1	7	6	3	9
9	8	7	4	3	6	5	1	2
3	6	1	9	5	2	4	8	7
1	5	3	6	9	4	7	2	8
8	4	9	2	7	5	3	6	1
6	7	2	1	8	3	9	4	5
2	1	4	7	6	9	8	5	3
7	3	8	5	4	1	2	9	6
5	9	6	3	2	8	1	7	4

093

6	4	7	1	3	5	2	9	8
2	5	8	9	6	4	1	7	3
1	9	3	8	2	7	4	6	5
7	3	4	2	5	9	8	1	6
9	8	2	3	1	6	7	5	4
5	1	6	7	4	8	3	2	9
3	2	9	5	8	1	6	4	7
8	6	5	4	7	2	9	3	1
4	7	1	6	9	3	5	8	2

094

9	4	7	6	3	5	2	8	1
3	6	8	2	7	1	4	9	5
5	1	2	8	9	4	3	6	7
8	3	6	1	2	9	7	5	4
1	2	5	7	4	8	9	3	6
4	7	9	5	6	3	8	1	2
6	8	4	3	1	2	5	7	9
7	9	3	4	5	6	1	2	8
2	5	1	9	8	7	6	4	3

095

8	6	3	5	1	9	4	7	2
2	4	1	3	6	7	8	9	5
9	5	7	2	8	4	3	6	1
6	7	9	4	3	1	2	5	8
5	1	8	9	7	2	6	4	3
3	2	4	8	5	6	7	1	9
4	3	2	6	9	5	1	8	7
7	8	5	1	4	3	9	2	6
1	9	6	7	2	8	5	3	4

096

1	7	4	5	6	3	8	9	2
5	9	2	4	8	1	7	3	6
3	8	6	7	2	9	5	4	1
9	2	3	1	4	7	6	5	8
8	4	7	6	5	2	3	1	9
6	5	1	9	3	8	4	2	7
2	6	9	3	7	4	1	8	5
4	1	5	8	9	6	2	7	3
7	3	8	2	1	5	9	6	4

097

6	8	7	9	1	2	3	4	5
5	1	3	4	7	6	2	9	8
2	9	4	5	3	8	6	7	1
9	7	5	2	8	3	1	6	4
3	4	6	1	9	7	5	8	2
1	2	8	6	4	5	7	3	9
4	5	1	3	6	9	8	2	7
8	3	2	7	5	4	9	1	6
7	6	9	8	2	1	4	5	3

098

8	5	4	1	9	6	2	3	7
7	1	3	2	8	4	6	9	5
9	6	2	5	7	3	8	4	1
1	7	6	4	3	2	9	5	8
2	4	8	9	5	1	3	7	6
3	9	5	8	6	7	4	1	2
4	8	7	3	2	5	1	6	9
5	3	9	6	1	8	7	2	4
6	2	1	7	4	9	5	8	3

099

9	4	8	6	2	1	5	7	3
3	2	5	9	7	4	6	1	8
7	6	1	3	5	8	2	4	9
6	9	2	8	4	7	1	3	5
4	5	7	2	1	3	8	9	6
1	8	3	5	6	9	7	2	4
8	7	4	1	9	6	3	5	2
5	3	9	7	8	2	4	6	1
2	1	6	4	3	5	9	8	7

100

1	6	3	2	5	7	9	4	8
9	4	5	1	6	8	2	3	7
7	8	2	3	4	9	6	1	5
3	7	8	9	1	6	4	5	2
5	2	6	7	3	4	1	8	9
4	9	1	5	8	2	7	6	3
6	3	9	4	2	5	8	7	1
8	1	7	6	9	3	5	2	4
2	5	4	8	7	1	3	9	6

101

8	9	7	1	6	2	4	5	3
3	6	1	5	4	8	9	7	2
4	5	2	7	3	9	8	1	6
2	4	5	8	9	1	6	3	7
9	1	3	6	2	7	5	4	8
7	8	6	3	5	4	1	2	9
6	3	9	2	1	5	7	8	4
5	7	4	9	8	3	2	6	1
1	2	8	4	7	6	3	9	5

102

6	1	8	9	2	7	5	3	4
3	2	9	5	4	6	8	7	1
4	7	5	3	1	8	6	2	9
9	6	4	7	5	3	2	1	8
7	5	1	2	8	4	9	6	3
8	3	2	6	9	1	4	5	7
2	8	6	1	7	9	3	4	5
1	4	3	8	6	5	7	9	2
5	9	7	4	3	2	1	8	6

103

7	1	4	8	2	9	3	6	5
8	5	2	3	6	7	9	1	4
6	3	9	1	5	4	8	2	7
3	9	1	5	7	2	6	4	8
5	2	7	6	4	8	1	3	9
4	8	6	9	3	1	5	7	2
9	7	3	4	8	6	2	5	1
1	4	5	2	9	3	7	8	6
2	6	8	7	1	5	4	9	3

104

2	7	9	5	6	8	1	4	3
5	3	8	4	9	1	7	2	6
6	1	4	3	2	7	8	9	5
1	5	3	9	7	6	4	8	2
4	9	6	8	5	2	3	7	1
7	8	2	1	3	4	6	5	9
3	4	5	7	1	9	2	6	8
8	6	1	2	4	5	9	3	7
9	2	7	6	8	3	5	1	4

105

4	1	6	3	7	2	8	9	5
7	8	3	1	5	9	2	4	6
5	2	9	6	8	4	1	3	7
6	9	2	4	3	1	5	7	8
1	5	8	9	2	7	3	6	4
3	7	4	8	6	5	9	1	2
8	3	1	5	4	6	7	2	9
9	4	7	2	1	8	6	5	3
2	6	5	7	9	3	4	8	1

106

1	8	2	5	4	6	9	7	3
3	4	9	1	2	7	6	5	8
5	6	7	3	9	8	4	2	1
7	1	6	8	5	2	3	4	9
4	5	3	6	7	9	8	1	2
2	9	8	4	1	3	5	6	7
6	2	5	9	8	1	7	3	4
8	3	1	7	6	4	2	9	5
9	7	4	2	3	5	1	8	6

107

4	9	8	3	2	7	6	5	1
7	1	2	6	9	5	4	3	8
6	5	3	8	4	1	7	9	2
1	4	5	2	3	6	8	7	9
9	2	6	7	8	4	5	1	3
8	3	7	1	5	9	2	6	4
5	7	4	9	1	8	3	2	6
2	6	9	4	7	3	1	8	5
3	8	1	5	6	2	9	4	7

108

3	4	5	9	7	6	2	1	8
7	6	8	1	5	2	3	4	9
1	2	9	4	8	3	6	7	5
4	5	3	6	1	7	8	9	2
6	7	2	8	4	9	1	5	3
8	9	1	3	2	5	4	6	7
9	1	4	7	3	8	5	2	6
2	8	7	5	6	4	9	3	1
5	3	6	2	9	1	7	8	4

109

5	3	7	1	8	9	4	6	2
8	2	4	6	3	7	1	9	5
6	9	1	5	2	4	8	3	7
3	8	2	7	1	6	5	4	9
4	1	5	3	9	2	7	8	6
9	7	6	4	5	8	3	2	1
1	6	3	2	4	5	9	7	8
7	4	8	9	6	1	2	5	3
2	5	9	8	7	3	6	1	4

110

7	2	9	3	4	8	6	1	5
3	8	6	2	5	1	4	9	7
1	4	5	6	7	9	3	8	2
8	5	3	7	1	4	2	6	9
4	9	2	8	3	6	7	5	1
6	7	1	5	9	2	8	3	4
2	1	8	4	6	5	9	7	3
9	3	4	1	8	7	5	2	6
5	6	7	9	2	3	1	4	8

111

6	1	5	2	8	4	7	9	3
2	9	4	3	7	6	1	8	5
7	3	8	1	9	5	6	4	2
4	7	2	8	5	1	9	3	6
8	6	3	4	2	9	5	7	1
9	5	1	7	6	3	8	2	4
3	8	7	6	1	2	4	5	9
5	2	6	9	4	7	3	1	8
1	4	9	5	3	8	2	6	7

112

7	3	1	4	6	9	8	2	5
4	2	6	3	8	5	9	7	1
5	9	8	7	2	1	6	4	3
6	1	9	8	3	7	2	5	4
8	7	4	5	9	2	1	3	6
3	5	2	1	4	6	7	8	9
9	8	5	2	1	4	3	6	7
1	4	3	6	7	8	5	9	2
2	6	7	9	5	3	4	1	8

113

1	9	5	8	3	4	6	2	7
2	7	6	9	5	1	4	3	8
3	8	4	6	2	7	9	5	1
9	2	8	4	1	5	7	6	3
5	1	7	3	9	6	2	8	4
6	4	3	7	8	2	1	9	5
4	5	9	1	6	8	3	7	2
7	6	2	5	4	3	8	1	9
8	3	1	2	7	9	5	4	6

114

4	1	8	6	9	5	2	3	7
2	9	5	8	3	7	6	1	4
3	7	6	2	4	1	8	9	5
8	6	4	1	5	3	9	7	2
1	3	7	9	6	2	5	4	8
5	2	9	4	7	8	1	6	3
6	4	3	5	8	9	7	2	1
7	8	1	3	2	6	4	5	9
9	5	2	7	1	4	3	8	6

115

9	6	1	3	7	8	4	5	2
4	2	5	9	1	6	7	3	8
3	7	8	4	5	2	1	6	9
8	9	2	6	3	4	5	1	7
7	3	4	1	8	5	9	2	6
5	1	6	7	2	9	3	8	4
6	5	7	2	9	1	8	4	3
1	4	3	8	6	7	2	9	5
2	8	9	5	4	3	6	7	1

116

7	2	3	6	8	4	1	5	9
5	1	8	7	9	2	6	4	3
6	9	4	3	1	5	8	2	7
3	5	9	8	4	1	7	6	2
2	6	7	9	5	3	4	1	8
4	8	1	2	7	6	9	3	5
9	3	2	1	6	8	5	7	4
8	4	6	5	2	7	3	9	1
1	7	5	4	3	9	2	8	6

117

2	7	8	5	6	4	9	1	3
1	3	6	2	7	9	4	8	5
9	5	4	8	3	1	7	6	2
5	2	7	4	1	6	8	3	9
8	4	9	7	2	3	6	5	1
6	1	3	9	8	5	2	7	4
4	6	2	3	5	8	1	9	7
3	9	1	6	4	7	5	2	8
7	8	5	1	9	2	3	4	6

118

9	3	4	6	2	8	7	1	5
1	2	7	4	9	5	6	3	8
6	5	8	1	7	3	2	9	4
3	8	6	5	4	2	1	7	9
4	9	1	8	6	7	5	2	3
2	7	5	3	1	9	4	8	6
5	6	2	9	8	1	3	4	7
8	1	3	7	5	4	9	6	2
7	4	9	2	3	6	8	5	1

119

3	4	1	2	7	9	5	6	8
9	6	7	5	8	3	2	4	1
8	5	2	6	4	1	7	3	9
2	3	6	8	1	4	9	7	5
1	7	5	3	9	6	4	8	2
4	8	9	7	5	2	3	1	6
6	2	8	4	3	5	1	9	7
5	9	3	1	6	7	8	2	4
7	1	4	9	2	8	6	5	3

120

6	3	8	2	9	5	4	7	1
1	2	7	8	4	3	6	5	9
4	9	5	6	7	1	3	8	2
3	7	1	9	5	8	2	4	6
9	4	2	3	6	7	5	1	8
8	5	6	4	1	2	9	3	7
2	6	3	1	8	4	7	9	5
5	8	4	7	2	9	1	6	3
7	1	9	5	3	6	8	2	4

121

9	3	2	6	8	1	5	4	7
5	8	1	2	4	7	3	9	6
7	6	4	5	3	9	2	8	1
6	2	3	4	1	5	8	7	9
1	9	8	7	2	6	4	5	3
4	7	5	8	9	3	6	1	2
8	1	6	3	7	4	9	2	5
3	4	7	9	5	2	1	6	8
2	5	9	1	6	8	7	3	4

122

8	6	7	4	9	2	3	1	5
5	3	4	1	7	8	2	6	9
1	2	9	5	6	3	7	8	4
9	7	1	6	8	5	4	2	3
2	5	8	3	4	7	1	9	6
3	4	6	2	1	9	5	7	8
7	9	2	8	5	4	6	3	1
4	1	3	9	2	6	8	5	7
6	8	5	7	3	1	9	4	2

123

5	1	7	2	8	3	4	9	6
3	6	8	1	9	4	5	7	2
4	2	9	6	7	5	1	3	8
8	5	4	7	6	9	3	2	1
6	7	3	4	2	1	9	8	5
2	9	1	5	3	8	7	6	4
1	8	6	3	4	7	2	5	9
9	3	5	8	1	2	6	4	7
7	4	2	9	5	6	8	1	3

124

2	1	8	6	7	9	5	4	3
9	3	4	5	1	8	7	2	6
7	5	6	2	4	3	8	9	1
6	9	5	3	8	4	1	7	2
4	2	1	7	9	6	3	5	8
8	7	3	1	2	5	4	6	9
1	4	2	8	6	7	9	3	5
5	8	7	9	3	2	6	1	4
3	6	9	4	5	1	2	8	7

125

5	8	6	2	9	4	1	3	7
1	7	9	6	3	8	2	5	4
3	4	2	5	1	7	8	9	6
2	6	1	8	5	3	4	7	9
7	9	3	4	2	1	6	8	5
8	5	4	9	7	6	3	1	2
4	2	7	3	8	5	9	6	1
9	1	8	7	6	2	5	4	3
6	3	5	1	4	9	7	2	8

126

7	8	4	5	6	3	1	9	2
6	2	1	4	9	8	3	5	7
5	9	3	2	7	1	4	6	8
1	4	9	3	2	6	7	8	5
8	6	7	1	5	4	9	2	3
3	5	2	9	8	7	6	4	1
4	7	6	8	3	5	2	1	9
9	3	5	6	1	2	8	7	4
2	1	8	7	4	9	5	3	6

127

3	1	7	9	5	4	6	2	8
2	6	8	1	3	7	4	9	5
9	5	4	2	6	8	3	1	7
8	7	6	3	4	1	2	5	9
1	3	2	5	8	9	7	4	6
4	9	5	7	2	6	1	8	3
5	4	3	8	7	2	9	6	1
7	2	1	6	9	5	8	3	4
6	8	9	4	1	3	5	7	2

128

4	9	7	2	1	5	3	6	8
8	2	1	6	4	3	5	9	7
6	3	5	9	7	8	2	4	1
7	5	2	4	9	1	6	8	3
1	8	4	5	3	6	7	2	9
9	6	3	7	8	2	4	1	5
3	7	9	8	2	4	1	5	6
2	1	6	3	5	9	8	7	4
5	4	8	1	6	7	9	3	2

129

5	2	1	9	4	8	7	3	6
7	8	3	6	1	2	9	5	4
9	6	4	5	3	7	8	1	2
6	3	7	2	9	1	4	8	5
4	5	9	8	6	3	1	2	7
2	1	8	7	5	4	3	6	9
8	4	6	3	2	9	5	7	1
3	9	2	1	7	5	6	4	8
1	7	5	4	8	6	2	9	3

130

3	6	7	8	9	1	2	5	4
2	1	5	7	3	4	8	6	9
8	4	9	6	2	5	7	1	3
5	9	4	3	1	7	6	2	8
7	2	8	9	4	6	5	3	1
6	3	1	5	8	2	4	9	7
1	5	3	2	7	8	9	4	6
4	8	6	1	5	9	3	7	2
9	7	2	4	6	3	1	8	5

131

7	4	5	9	8	3	6	1	2
3	1	8	6	7	2	4	9	5
6	9	2	1	4	5	7	8	3
9	5	3	8	6	7	1	2	4
2	8	6	4	3	1	9	5	7
1	7	4	5	2	9	3	6	8
4	6	1	3	5	8	2	7	9
8	3	7	2	9	6	5	4	1
5	2	9	7	1	4	8	3	6

132

2	1	6	9	8	5	3	7	4
5	4	8	3	7	6	1	2	9
9	7	3	1	4	2	8	5	6
4	3	5	8	2	9	7	6	1
7	6	2	4	1	3	5	9	8
1	8	9	6	5	7	2	4	3
8	2	4	7	9	1	6	3	5
3	5	1	2	6	4	9	8	7
6	9	7	5	3	8	4	1	2

133

7	2	3	8	1	4	6	5	9
4	9	6	2	5	3	8	1	7
5	1	8	6	7	9	3	2	4
9	5	7	1	8	2	4	6	3
1	8	4	9	3	6	5	7	2
6	3	2	5	4	7	9	8	1
8	6	9	3	2	1	7	4	5
3	7	1	4	6	5	2	9	8
2	4	5	7	9	8	1	3	6

134

1	8	2	9	4	7	3	5	6
9	6	5	3	2	8	4	7	1
4	3	7	6	1	5	9	2	8
3	5	4	8	6	2	1	9	7
6	7	1	4	5	9	8	3	2
8	2	9	1	7	3	5	6	4
5	9	6	7	8	1	2	4	3
7	1	3	2	9	4	6	8	5
2	4	8	5	3	6	7	1	9

135

7	6	5	9	1	8	4	3	2
2	8	4	6	3	5	7	1	9
3	9	1	7	2	4	5	8	6
4	2	7	5	8	3	9	6	1
1	3	6	2	4	9	8	7	5
9	5	8	1	6	7	3	2	4
6	4	3	8	5	1	2	9	7
8	1	9	4	7	2	6	5	3
5	7	2	3	9	6	1	4	8

136

1	5	8	6	7	4	9	3	2
6	7	3	1	9	2	5	4	8
2	4	9	3	8	5	1	6	7
4	9	1	8	3	6	7	2	5
8	6	2	7	5	9	3	1	4
7	3	5	2	4	1	6	8	9
3	8	4	5	6	7	2	9	1
5	1	6	9	2	8	4	7	3
9	2	7	4	1	3	8	5	6

137

1	2	9	5	8	3	6	4	7
5	7	3	4	1	6	9	8	2
8	4	6	2	7	9	1	5	3
4	1	5	9	3	8	7	2	6
9	8	7	1	6	2	4	3	5
3	6	2	7	5	4	8	1	9
7	3	4	8	9	5	2	6	1
2	5	1	6	4	7	3	9	8
6	9	8	3	2	1	5	7	4

138

5	3	8	1	9	4	2	7	6
6	2	9	7	5	3	8	1	4
1	7	4	2	6	8	5	9	3
3	9	7	5	2	1	6	4	8
4	1	5	8	3	6	9	2	7
2	8	6	9	4	7	1	3	5
9	6	2	3	7	5	4	8	1
8	4	3	6	1	9	7	5	2
7	5	1	4	8	2	3	6	9

139

7	2	9	3	4	8	1	6	5
5	1	8	9	6	2	3	7	4
4	6	3	1	5	7	2	9	8
9	7	6	5	3	4	8	2	1
8	5	1	2	9	6	4	3	7
3	4	2	8	7	1	9	5	6
1	9	5	7	8	3	6	4	2
2	3	4	6	1	5	7	8	9
6	8	7	4	2	9	5	1	3

140

1	6	4	9	3	5	7	8	2
5	7	2	8	1	4	6	9	3
8	3	9	6	2	7	4	5	1
2	5	3	1	6	8	9	4	7
7	4	6	5	9	3	1	2	8
9	1	8	7	4	2	5	3	6
6	8	7	2	5	9	3	1	4
4	9	1	3	8	6	2	7	5
3	2	5	4	7	1	8	6	9

141

1	8	4	2	6	7	5	9	3
3	5	2	1	9	4	8	7	6
6	9	7	5	3	8	4	1	2
7	6	5	4	2	1	9	3	8
2	1	3	8	5	9	6	4	7
8	4	9	3	7	6	2	5	1
4	7	1	6	8	5	3	2	9
5	3	6	9	1	2	7	8	4
9	2	8	7	4	3	1	6	5

142

1	5	4	2	6	9	7	3	8
8	3	9	5	7	1	6	4	2
6	2	7	4	8	3	1	9	5
7	1	8	9	3	2	4	5	6
3	9	5	6	1	4	2	8	7
4	6	2	7	5	8	3	1	9
2	7	3	1	9	5	8	6	4
5	4	1	8	2	6	9	7	3
9	8	6	3	4	7	5	2	1

143

9	1	2	6	5	3	4	7	8
3	7	4	8	2	1	5	9	6
8	6	5	4	9	7	1	3	2
2	4	9	1	3	6	7	8	5
6	5	1	9	7	8	2	4	3
7	3	8	5	4	2	9	6	1
4	2	6	3	1	9	8	5	7
1	9	3	7	8	5	6	2	4
5	8	7	2	6	4	3	1	9

144

1	9	4	5	3	6	8	2	7
5	8	2	9	7	4	3	6	1
6	3	7	2	8	1	4	9	5
8	4	5	7	2	3	6	1	9
9	7	1	8	6	5	2	3	4
2	6	3	1	4	9	5	7	8
7	5	8	3	9	2	1	4	6
4	2	9	6	1	8	7	5	3
3	1	6	4	5	7	9	8	2

145

9	8	1	2	5	6	3	4	7
3	7	5	4	9	1	6	2	8
2	4	6	7	3	8	9	5	1
1	3	2	5	8	7	4	6	9
6	9	7	1	4	2	5	8	3
8	5	4	3	6	9	7	1	2
7	2	9	6	1	5	8	3	4
5	1	3	8	7	4	2	9	6
4	6	8	9	2	3	1	7	5

146

1	3	4	9	7	8	5	6	2
9	2	8	6	1	5	7	3	4
5	7	6	2	4	3	8	1	9
3	8	1	5	2	4	6	9	7
2	9	5	7	6	1	3	4	8
6	4	7	8	3	9	1	2	5
4	6	9	3	8	7	2	5	1
8	1	3	4	5	2	9	7	6
7	5	2	1	9	6	4	8	3

147

7	4	3	6	8	5	2	1	9
8	2	9	3	4	1	7	6	5
1	6	5	2	9	7	4	3	8
3	9	8	5	1	4	6	7	2
5	7	4	8	6	2	3	9	1
6	1	2	7	3	9	8	5	4
9	3	6	1	2	8	5	4	7
4	8	7	9	5	3	1	2	6
2	5	1	4	7	6	9	8	3

148

1	4	2	8	3	7	9	5	6
5	7	8	1	9	6	3	2	4
6	3	9	4	2	5	1	8	7
2	1	7	3	4	9	8	6	5
4	9	3	6	5	8	2	7	1
8	6	5	2	7	1	4	3	9
7	8	1	9	6	3	5	4	2
9	5	4	7	8	2	6	1	3
3	2	6	5	1	4	7	9	8

149

3	7	4	6	5	9	1	8	2
9	8	6	1	2	7	5	3	4
1	5	2	4	8	3	9	6	7
4	2	1	9	6	5	3	7	8
6	9	8	3	7	2	4	1	5
5	3	7	8	1	4	2	9	6
7	6	9	5	4	1	8	2	3
8	4	3	2	9	6	7	5	1
2	1	5	7	3	8	6	4	9

150

8	6	5	9	2	7	1	4	3
1	7	2	4	6	3	8	9	5
4	3	9	8	5	1	7	2	6
5	8	6	1	4	9	3	7	2
3	2	1	5	7	6	4	8	9
7	9	4	2	3	8	6	5	1
2	5	3	6	8	4	9	1	7
6	1	8	7	9	5	2	3	4
9	4	7	3	1	2	5	6	8

151

7	3	8	2	9	4	5	1	6
5	9	1	8	6	3	4	7	2
4	2	6	5	7	1	3	9	8
3	1	7	6	8	5	9	2	4
6	5	9	1	4	2	7	8	3
8	4	2	7	3	9	6	5	1
9	6	5	3	2	8	1	4	7
1	8	3	4	5	7	2	6	9
2	7	4	9	1	6	8	3	5

152

1	6	4	9	2	7	3	5	8
2	7	5	8	3	6	1	9	4
3	8	9	5	4	1	2	7	6
8	1	6	3	7	5	9	4	2
9	3	7	4	6	2	8	1	5
5	4	2	1	8	9	7	6	3
6	5	8	7	1	3	4	2	9
7	2	3	6	9	4	5	8	1
4	9	1	2	5	8	6	3	7

153

8	1	7	3	9	6	5	2	4
3	9	2	5	7	4	6	8	1
4	6	5	8	2	1	7	9	3
5	4	1	6	3	8	9	7	2
6	3	9	2	1	7	8	4	5
7	2	8	9	4	5	3	1	6
9	8	3	4	5	2	1	6	7
1	5	4	7	6	9	2	3	8
2	7	6	1	8	3	4	5	9

154

2	5	6	3	7	8	4	9	1
4	9	8	1	5	2	6	3	7
3	1	7	9	6	4	2	8	5
9	7	3	8	1	6	5	4	2
5	4	2	7	9	3	1	6	8
6	8	1	4	2	5	3	7	9
1	2	4	6	8	7	9	5	3
7	6	5	2	3	9	8	1	4
8	3	9	5	4	1	7	2	6

155

4	7	2	9	3	1	8	5	6
9	5	8	2	7	6	4	3	1
6	1	3	8	5	4	9	7	2
5	4	7	6	2	8	3	1	9
8	2	1	3	4	9	5	6	7
3	9	6	5	1	7	2	8	4
7	3	5	4	6	2	1	9	8
1	8	4	7	9	3	6	2	5
2	6	9	1	8	5	7	4	3

156

1	3	6	7	2	8	4	9	5
5	7	4	1	9	3	6	2	8
8	9	2	6	4	5	3	7	1
3	6	8	9	7	1	5	4	2
9	2	5	8	3	4	7	1	6
4	1	7	5	6	2	9	8	3
7	8	1	4	5	6	2	3	9
6	4	3	2	1	9	8	5	7
2	5	9	3	8	7	1	6	4

157

8	1	5	2	6	4	3	9	7
7	2	4	9	3	5	6	1	8
3	6	9	7	8	1	5	4	2
4	5	2	3	1	8	9	7	6
1	8	6	5	9	7	4	2	3
9	7	3	4	2	6	1	8	5
5	9	8	1	7	3	2	6	4
6	4	1	8	5	2	7	3	9
2	3	7	6	4	9	8	5	1

158

3	1	6	2	5	4	7	8	9
4	2	9	7	6	8	1	3	5
8	5	7	1	3	9	4	2	6
1	3	5	4	7	2	6	9	8
6	9	4	3	8	1	2	5	7
2	7	8	5	9	6	3	4	1
5	8	2	6	4	7	9	1	3
7	4	3	9	1	5	8	6	2
9	6	1	8	2	3	5	7	4

159

2	4	1	8	5	9	7	3	6
8	3	7	4	2	6	1	5	9
5	9	6	7	3	1	2	8	4
7	1	9	2	6	8	3	4	5
6	5	4	3	1	7	8	9	2
3	2	8	9	4	5	6	7	1
9	7	5	6	8	2	4	1	3
1	6	3	5	7	4	9	2	8
4	8	2	1	9	3	5	6	7

160

1	8	4	5	6	2	7	9	3
6	2	7	3	4	9	8	1	5
9	5	3	1	7	8	2	6	4
5	7	1	4	8	3	6	2	9
4	3	9	6	2	1	5	8	7
2	6	8	9	5	7	3	4	1
8	9	2	7	3	4	1	5	6
3	4	6	2	1	5	9	7	8
7	1	5	8	9	6	4	3	2

161

1	9	7	8	5	6	3	2	4
2	6	5	4	3	7	1	9	8
4	3	8	9	1	2	5	7	6
9	4	1	5	8	3	2	6	7
7	5	2	6	9	4	8	3	1
3	8	6	7	2	1	4	5	9
6	7	3	2	4	8	9	1	5
5	2	4	1	7	9	6	8	3
8	1	9	3	6	5	7	4	2

162

9	1	2	3	6	5	7	4	8
8	7	3	4	2	9	5	1	6
5	6	4	8	1	7	3	9	2
2	5	8	6	9	4	1	7	3
1	3	6	7	5	2	4	8	9
4	9	7	1	3	8	2	6	5
3	4	9	5	7	6	8	2	1
6	8	1	2	4	3	9	5	7
7	2	5	9	8	1	6	3	4

163

5	6	1	2	8	3	4	7	9
4	8	9	7	5	1	6	2	3
7	2	3	9	6	4	1	5	8
3	4	2	5	7	8	9	1	6
6	9	5	4	1	2	3	8	7
1	7	8	6	3	9	5	4	2
2	5	7	1	9	6	8	3	4
8	1	6	3	4	7	2	9	5
9	3	4	8	2	5	7	6	1

164

1	4	2	8	6	9	7	5	3
6	3	9	7	2	5	8	1	4
7	5	8	3	1	4	6	9	2
2	9	4	6	8	7	5	3	1
5	8	6	1	9	3	2	4	7
3	7	1	5	4	2	9	6	8
8	1	7	9	3	6	4	2	5
9	2	3	4	5	8	1	7	6
4	6	5	2	7	1	3	8	9

165

1	6	4	2	3	8	7	5	9
5	9	2	4	7	6	1	8	3
8	7	3	9	5	1	4	2	6
7	5	6	3	9	2	8	4	1
3	4	1	8	6	7	2	9	5
2	8	9	1	4	5	6	3	7
4	2	7	5	1	3	9	6	8
9	1	5	6	8	4	3	7	2
6	3	8	7	2	9	5	1	4

166

4	3	2	7	1	6	5	9	8
7	1	8	5	3	9	6	4	2
5	9	6	4	8	2	3	7	1
1	6	9	8	4	5	2	3	7
8	4	3	1	2	7	9	6	5
2	5	7	9	6	3	1	8	4
9	8	5	3	7	1	4	2	6
6	7	1	2	9	4	8	5	3
3	2	4	6	5	8	7	1	9

167

6	3	2	4	7	5	9	1	8
1	7	8	6	3	9	2	5	4
9	5	4	8	2	1	6	3	7
7	6	1	9	5	8	4	2	3
8	9	3	1	4	2	7	6	5
4	2	5	3	6	7	8	9	1
5	4	9	7	1	6	3	8	2
2	8	7	5	9	3	1	4	6
3	1	6	2	8	4	5	7	9

168

1	8	6	3	2	7	5	9	4
3	5	2	8	4	9	6	1	7
7	9	4	1	6	5	8	3	2
2	7	5	9	3	1	4	6	8
9	1	8	4	7	6	3	2	5
4	6	3	5	8	2	1	7	9
8	2	1	7	5	3	9	4	6
6	4	9	2	1	8	7	5	3
5	3	7	6	9	4	2	8	1

169

5	1	8	2	4	7	9	3	6
2	3	6	8	5	9	7	4	1
7	9	4	1	6	3	8	2	5
1	8	5	9	3	4	2	6	7
9	6	3	7	2	8	5	1	4
4	2	7	5	1	6	3	9	8
3	5	1	4	8	2	6	7	9
8	7	2	6	9	1	4	5	3
6	4	9	3	7	5	1	8	2

170

3	2	7	4	8	9	1	6	5
1	4	9	5	7	6	8	2	3
6	5	8	1	2	3	4	9	7
5	3	4	6	9	7	2	8	1
8	6	2	3	1	4	7	5	9
9	7	1	8	5	2	3	4	6
4	8	6	9	3	1	5	7	2
7	1	5	2	6	8	9	3	4
2	9	3	7	4	5	6	1	8

171

4	7	8	3	2	9	5	1	6
1	9	2	6	4	5	8	7	3
3	6	5	8	7	1	4	9	2
7	2	1	5	6	8	9	3	4
6	4	3	1	9	2	7	5	8
8	5	9	4	3	7	6	2	1
9	3	7	2	8	6	1	4	5
5	8	4	7	1	3	2	6	9
2	1	6	9	5	4	3	8	7

172

4	3	5	7	8	2	1	9	6
2	6	7	9	5	1	3	4	8
9	1	8	6	4	3	7	5	2
6	7	3	8	2	5	4	1	9
8	4	1	3	9	7	2	6	5
5	2	9	1	6	4	8	3	7
7	8	4	5	3	6	9	2	1
1	5	2	4	7	9	6	8	3
3	9	6	2	1	8	5	7	4

173

7	2	9	4	3	1	5	6	8
1	4	5	8	2	6	3	7	9
6	8	3	9	7	5	1	2	4
9	1	8	6	4	2	7	3	5
5	3	4	7	1	8	2	9	6
2	6	7	5	9	3	8	4	1
3	5	1	2	6	4	9	8	7
8	7	6	3	5	9	4	1	2
4	9	2	1	8	7	6	5	3

174

8	9	2	5	1	7	3	6	4
7	3	6	8	4	9	5	2	1
5	1	4	6	3	2	9	8	7
3	5	9	1	2	4	6	7	8
2	8	1	7	9	6	4	5	3
6	4	7	3	8	5	1	9	2
9	7	3	2	5	1	8	4	6
4	6	8	9	7	3	2	1	5
1	2	5	4	6	8	7	3	9

175

7	8	2	3	9	1	5	4	6
4	9	5	8	6	7	3	2	1
3	6	1	5	2	4	9	7	8
5	2	7	1	8	3	4	6	9
8	1	3	6	4	9	2	5	7
9	4	6	2	7	5	8	1	3
6	3	9	7	5	2	1	8	4
1	5	8	4	3	6	7	9	2
2	7	4	9	1	8	6	3	5

176

3	9	1	6	2	5	4	7	8
8	5	2	4	7	9	6	1	3
6	4	7	3	1	8	9	5	2
7	1	3	2	8	4	5	6	9
4	6	8	9	5	1	3	2	7
9	2	5	7	3	6	8	4	1
1	8	4	5	9	2	7	3	6
2	3	6	8	4	7	1	9	5
5	7	9	1	6	3	2	8	4

177

5	2	1	6	8	9	7	4	3
7	4	8	2	5	3	1	6	9
6	3	9	4	1	7	5	8	2
3	9	7	8	2	6	4	1	5
4	8	6	1	3	5	9	2	7
2	1	5	7	9	4	6	3	8
1	6	2	5	7	8	3	9	4
8	7	3	9	4	1	2	5	6
9	5	4	3	6	2	8	7	1

178

6	3	1	5	2	7	8	4	9
7	8	4	9	6	1	5	2	3
5	2	9	4	3	8	7	1	6
9	4	5	8	1	6	3	7	2
8	7	3	2	4	9	6	5	1
1	6	2	3	7	5	9	8	4
4	1	8	7	9	3	2	6	5
3	5	6	1	8	2	4	9	7
2	9	7	6	5	4	1	3	8

179

4	9	5	6	2	8	3	1	7
1	6	7	4	3	9	8	2	5
3	2	8	7	1	5	9	6	4
8	4	6	2	9	1	5	7	3
9	3	2	5	7	6	4	8	1
5	7	1	8	4	3	6	9	2
6	1	4	9	5	7	2	3	8
2	8	3	1	6	4	7	5	9
7	5	9	3	8	2	1	4	6

180

3	2	8	1	5	6	4	7	9
4	5	7	9	8	3	6	2	1
9	6	1	2	7	4	8	5	3
1	4	3	7	2	8	5	9	6
5	7	6	4	9	1	2	3	8
8	9	2	3	6	5	7	1	4
7	3	4	6	1	2	9	8	5
6	8	9	5	3	7	1	4	2
2	1	5	8	4	9	3	6	7

181

2	5	6	1	3	8	4	7	9
1	4	7	6	9	5	2	3	8
8	3	9	2	4	7	5	6	1
5	7	8	4	2	6	1	9	3
9	6	2	3	7	1	8	5	4
4	1	3	5	8	9	7	2	6
7	9	4	8	6	2	3	1	5
6	8	1	7	5	3	9	4	2
3	2	5	9	1	4	6	8	7

182

9	4	8	5	2	3	7	1	6
3	1	6	4	8	7	2	9	5
7	5	2	1	6	9	3	8	4
1	2	4	8	3	6	5	7	9
5	3	7	2	9	1	4	6	8
6	8	9	7	5	4	1	3	2
4	9	3	6	1	5	8	2	7
8	6	5	3	7	2	9	4	1
2	7	1	9	4	8	6	5	3

183

4	3	7	8	2	9	6	1	5
8	6	5	4	7	1	3	2	9
2	1	9	3	6	5	8	7	4
6	9	8	7	3	2	4	5	1
7	5	3	6	1	4	2	9	8
1	4	2	9	5	8	7	3	6
5	8	4	2	9	7	1	6	3
9	7	6	1	8	3	5	4	2
3	2	1	5	4	6	9	8	7

184

2	8	5	6	4	1	7	9	3
9	1	7	3	5	8	6	2	4
4	3	6	7	9	2	8	5	1
7	4	8	1	6	9	2	3	5
3	6	9	2	7	5	4	1	8
5	2	1	4	8	3	9	7	6
6	5	3	9	2	4	1	8	7
8	9	4	5	1	7	3	6	2
1	7	2	8	3	6	5	4	9

185

2	7	3	1	5	6	8	4	9
5	8	6	2	9	4	1	7	3
9	4	1	7	8	3	6	5	2
7	9	4	3	6	1	5	2	8
8	6	5	9	7	2	4	3	1
3	1	2	8	4	5	7	9	6
6	3	7	5	1	9	2	8	4
4	5	9	6	2	8	3	1	7
1	2	8	4	3	7	9	6	5

186

2	1	6	7	8	3	5	9	4
3	7	4	5	6	9	1	8	2
5	8	9	2	1	4	7	3	6
4	6	1	9	7	5	8	2	3
9	2	5	3	4	8	6	7	1
8	3	7	6	2	1	9	4	5
1	9	2	8	3	6	4	5	7
7	4	8	1	5	2	3	6	9
6	5	3	4	9	7	2	1	8

187

3	7	9	1	2	8	4	5	6
6	2	5	9	4	7	1	8	3
8	1	4	6	3	5	2	7	9
2	4	6	8	5	3	9	1	7
9	8	1	4	7	6	5	3	2
7	5	3	2	1	9	8	6	4
1	9	7	5	6	4	3	2	8
5	6	8	3	9	2	7	4	1
4	3	2	7	8	1	6	9	5

188

7	1	6	9	4	2	5	3	8
2	4	8	5	3	7	9	6	1
9	3	5	6	8	1	7	2	4
8	9	2	4	1	6	3	5	7
4	5	7	2	9	3	8	1	6
3	6	1	7	5	8	4	9	2
6	8	9	1	7	5	2	4	3
1	7	4	3	2	9	6	8	5
5	2	3	8	6	4	1	7	9

189

7	1	2	6	4	5	9	8	3
9	5	3	1	8	7	4	2	6
4	6	8	3	2	9	7	5	1
2	8	9	7	1	3	5	6	4
3	7	6	2	5	4	1	9	8
5	4	1	8	9	6	2	3	7
8	2	7	9	3	1	6	4	5
1	9	5	4	6	8	3	7	2
6	3	4	5	7	2	8	1	9

190

2	7	4	3	1	8	6	5	9
1	6	9	5	2	4	3	8	7
8	3	5	6	9	7	4	1	2
9	5	8	4	7	6	2	3	1
6	2	7	8	3	1	5	9	4
3	4	1	2	5	9	7	6	8
4	1	6	7	8	3	9	2	5
7	8	2	9	6	5	1	4	3
5	9	3	1	4	2	8	7	6

191

1	3	8	5	4	6	7	9	2
7	6	5	1	2	9	3	4	8
2	4	9	3	7	8	1	6	5
6	1	2	4	8	5	9	3	7
3	5	4	2	9	7	6	8	1
9	8	7	6	3	1	5	2	4
8	2	6	7	5	3	4	1	9
5	9	3	8	1	4	2	7	6
4	7	1	9	6	2	8	5	3

192

3	4	8	9	1	2	7	5	6
2	5	1	3	7	6	9	4	8
9	6	7	8	5	4	1	2	3
7	8	3	2	6	5	4	1	9
6	9	2	4	8	1	5	3	7
5	1	4	7	9	3	8	6	2
8	3	6	1	4	7	2	9	5
1	7	5	6	2	9	3	8	4
4	2	9	5	3	8	6	7	1

193

2	1	5	6	3	9	8	7	4
4	9	3	7	8	2	6	1	5
7	8	6	4	1	5	9	2	3
8	4	1	9	5	6	7	3	2
6	2	9	3	7	4	1	5	8
3	5	7	1	2	8	4	9	6
9	7	8	2	6	3	5	4	1
1	6	2	5	4	7	3	8	9
5	3	4	8	9	1	2	6	7

194

4	5	1	8	7	2	6	3	9
7	6	3	9	5	1	4	8	2
2	9	8	6	3	4	7	5	1
8	2	6	3	1	9	5	4	7
9	7	5	4	6	8	1	2	3
1	3	4	7	2	5	8	9	6
6	8	2	1	4	3	9	7	5
5	4	7	2	9	6	3	1	8
3	1	9	5	8	7	2	6	4

195

5	1	3	7	2	8	9	6	4
6	7	2	4	1	9	5	3	8
9	8	4	3	5	6	1	7	2
2	5	6	1	3	7	4	8	9
7	4	8	9	6	2	3	5	1
3	9	1	5	8	4	7	2	6
8	3	5	6	4	1	2	9	7
4	2	9	8	7	5	6	1	3
1	6	7	2	9	3	8	4	5

196

2	1	9	3	4	7	5	6	8
4	6	8	5	9	1	2	3	7
3	7	5	6	8	2	1	4	9
6	5	2	1	7	4	9	8	3
1	9	4	8	6	3	7	2	5
8	3	7	2	5	9	6	1	4
7	8	1	4	2	5	3	9	6
5	2	6	9	3	8	4	7	1
9	4	3	7	1	6	8	5	2

197

2	4	7	3	1	8	6	9	5
3	6	8	9	7	5	1	2	4
9	1	5	4	6	2	7	3	8
8	7	4	6	9	3	2	5	1
6	2	9	5	4	1	8	7	3
5	3	1	8	2	7	9	4	6
4	9	3	7	8	6	5	1	2
7	8	2	1	5	4	3	6	9
1	5	6	2	3	9	4	8	7

198

1	4	5	2	7	8	3	9	6
8	7	2	6	9	3	1	5	4
6	3	9	4	5	1	7	2	8
7	5	4	8	1	9	2	6	3
9	1	6	3	2	4	5	8	7
2	8	3	7	6	5	9	4	1
5	6	8	1	3	2	4	7	9
4	9	1	5	8	7	6	3	2
3	2	7	9	4	6	8	1	5

199

5	1	3	8	6	4	2	9	7
2	9	7	5	1	3	4	8	6
6	8	4	7	2	9	3	1	5
7	5	9	2	3	8	1	6	4
3	4	1	9	7	6	5	2	8
8	6	2	4	5	1	9	7	3
4	7	6	1	9	5	8	3	2
1	3	8	6	4	2	7	5	9
9	2	5	3	8	7	6	4	1

200

9	7	6	5	4	3	2	8	1
1	5	8	2	6	7	3	4	9
2	3	4	1	8	9	6	5	7
8	6	3	4	7	2	1	9	5
4	2	5	3	9	1	8	7	6
7	1	9	6	5	8	4	3	2
6	9	2	8	3	5	7	1	4
5	8	1	7	2	4	9	6	3
3	4	7	9	1	6	5	2	8

201

8	3	9	7	5	6	2	1	4
7	2	1	4	8	9	3	5	6
6	4	5	3	1	2	9	7	8
3	1	4	6	2	5	7	8	9
9	8	6	1	3	7	4	2	5
2	5	7	8	9	4	1	6	3
4	7	8	2	6	3	5	9	1
1	9	3	5	7	8	6	4	2
5	6	2	9	4	1	8	3	7

202

9	7	6	8	3	1	4	2	5
5	3	4	6	2	9	1	8	7
8	1	2	5	7	4	9	3	6
6	5	1	4	9	8	2	7	3
7	9	8	3	5	2	6	4	1
2	4	3	1	6	7	5	9	8
3	2	5	9	8	6	7	1	4
1	6	9	7	4	3	8	5	2
4	8	7	2	1	5	3	6	9

203

1	7	5	6	8	4	3	9	2
4	9	3	7	1	2	6	8	5
8	6	2	9	3	5	4	1	7
7	3	6	2	4	8	1	5	9
2	4	9	5	6	1	8	7	3
5	1	8	3	7	9	2	4	6
9	2	4	1	5	6	7	3	8
3	5	1	8	2	7	9	6	4
6	8	7	4	9	3	5	2	1

204

5	9	4	6	1	2	7	3	8
2	3	1	8	5	7	9	4	6
7	6	8	3	4	9	5	1	2
6	5	3	2	9	8	1	7	4
1	8	7	5	6	4	3	2	9
9	4	2	1	7	3	8	6	5
4	7	6	9	3	5	2	8	1
8	1	9	7	2	6	4	5	3
3	2	5	4	8	1	6	9	7

205

3	2	7	4	8	5	6	1	9
4	9	6	3	1	7	5	8	2
8	1	5	6	2	9	4	7	3
9	3	8	2	4	6	7	5	1
6	5	2	8	7	1	9	3	4
7	4	1	5	9	3	8	2	6
2	6	3	7	5	4	1	9	8
5	8	9	1	6	2	3	4	7
1	7	4	9	3	8	2	6	5

206

2	3	6	7	4	9	5	1	8
7	4	9	1	8	5	3	6	2
1	5	8	2	6	3	7	9	4
9	7	5	6	3	2	8	4	1
8	6	4	9	1	7	2	3	5
3	1	2	8	5	4	9	7	6
4	8	7	5	9	1	6	2	3
6	2	3	4	7	8	1	5	9
5	9	1	3	2	6	4	8	7

207

8	7	2	4	3	1	5	6	9
6	4	5	9	2	8	1	7	3
1	3	9	6	7	5	4	2	8
2	8	4	5	9	7	3	1	6
9	5	7	1	6	3	8	4	2
3	1	6	2	8	4	7	9	5
5	9	1	8	4	2	6	3	7
4	6	3	7	5	9	2	8	1
7	2	8	3	1	6	9	5	4

208

9	3	5	1	2	7	4	8	6
1	8	4	6	5	3	9	7	2
7	6	2	8	9	4	1	5	3
8	1	6	5	3	9	7	2	4
3	4	9	7	1	2	5	6	8
2	5	7	4	6	8	3	9	1
5	9	8	3	4	6	2	1	7
4	7	1	2	8	5	6	3	9
6	2	3	9	7	1	8	4	5

209

1	4	6	9	3	8	2	5	7
8	2	3	5	7	6	1	9	4
9	5	7	1	2	4	8	6	3
3	7	5	4	8	2	6	1	9
6	1	2	7	9	3	4	8	5
4	8	9	6	5	1	3	7	2
7	3	1	2	6	5	9	4	8
5	6	8	3	4	9	7	2	1
2	9	4	8	1	7	5	3	6

210

4	7	8	1	9	3	6	2	5
1	6	5	2	8	7	4	3	9
3	2	9	4	5	6	8	1	7
2	5	4	9	3	8	7	6	1
9	3	7	6	1	5	2	8	4
6	8	1	7	4	2	9	5	3
5	9	3	8	2	4	1	7	6
8	1	6	5	7	9	3	4	2
7	4	2	3	6	1	5	9	8

211

8	7	3	2	1	6	9	4	5
1	9	6	5	8	4	3	2	7
2	5	4	3	7	9	1	8	6
7	3	1	8	4	5	2	6	9
6	4	9	7	3	2	8	5	1
5	8	2	6	9	1	7	3	4
9	2	8	4	5	7	6	1	3
3	1	5	9	6	8	4	7	2
4	6	7	1	2	3	5	9	8

212

6	7	1	2	3	4	5	9	8
4	9	5	7	1	8	2	6	3
2	8	3	5	6	9	4	1	7
5	1	7	4	8	6	3	2	9
3	4	2	9	7	1	6	8	5
9	6	8	3	5	2	1	7	4
7	2	4	6	9	3	8	5	1
1	3	9	8	2	5	7	4	6
8	5	6	1	4	7	9	3	2

213

8	6	1	4	3	7	5	9	2
4	2	5	6	1	9	8	7	3
9	3	7	8	2	5	4	1	6
1	8	4	5	7	6	3	2	9
6	9	3	2	8	1	7	4	5
7	5	2	3	9	4	1	6	8
2	4	6	1	5	3	9	8	7
3	1	9	7	6	8	2	5	4
5	7	8	9	4	2	6	3	1

214

6	5	3	2	4	7	1	9	8
7	1	9	6	8	3	5	4	2
4	8	2	1	5	9	6	3	7
1	7	4	9	6	5	2	8	3
2	3	5	7	1	8	4	6	9
9	6	8	4	3	2	7	5	1
3	4	1	8	2	6	9	7	5
8	2	7	5	9	4	3	1	6
5	9	6	3	7	1	8	2	4

215

9	5	1	3	8	4	2	6	7
6	7	4	5	2	1	8	9	3
8	3	2	6	7	9	1	4	5
1	8	3	9	6	5	4	7	2
4	2	6	8	3	7	5	1	9
5	9	7	1	4	2	6	3	8
3	4	8	2	9	6	7	5	1
2	6	5	7	1	3	9	8	4
7	1	9	4	5	8	3	2	6

216

2	8	5	6	7	3	9	1	4
4	1	3	5	8	9	2	7	6
7	9	6	1	2	4	5	8	3
1	3	2	9	4	8	7	6	5
9	6	8	7	5	1	3	4	2
5	7	4	3	6	2	1	9	8
3	5	9	8	1	6	4	2	7
8	2	7	4	9	5	6	3	1
6	4	1	2	3	7	8	5	9

217

6	5	2	4	9	7	1	8	3
7	1	8	5	6	3	9	4	2
4	3	9	8	1	2	7	6	5
1	4	5	6	3	8	2	9	7
8	7	3	2	5	9	4	1	6
9	2	6	1	7	4	3	5	8
5	6	7	3	4	1	8	2	9
3	8	1	9	2	6	5	7	4
2	9	4	7	8	5	6	3	1

218

5	1	3	7	2	4	9	6	8
7	2	8	3	6	9	1	5	4
6	4	9	5	1	8	3	2	7
2	9	6	4	7	3	5	8	1
1	8	7	9	5	2	6	4	3
4	3	5	1	8	6	2	7	9
9	6	2	8	4	1	7	3	5
3	5	4	6	9	7	8	1	2
8	7	1	2	3	5	4	9	6

219

4	8	5	1	2	3	6	7	9
9	1	6	8	4	7	2	5	3
2	3	7	5	6	9	8	4	1
5	4	9	3	7	8	1	2	6
1	6	8	4	9	2	7	3	5
7	2	3	6	1	5	9	8	4
8	9	1	2	5	4	3	6	7
6	5	2	7	3	1	4	9	8
3	7	4	9	8	6	5	1	2

220

9	8	2	6	4	7	5	1	3
1	4	3	2	5	8	9	6	7
5	7	6	3	1	9	4	8	2
6	1	5	7	8	4	3	2	9
3	2	4	5	9	6	1	7	8
7	9	8	1	3	2	6	4	5
2	5	9	4	7	1	8	3	6
8	6	1	9	2	3	7	5	4
4	3	7	8	6	5	2	9	1

221

9	1	3	2	6	7	8	4	5
8	4	6	3	1	5	2	7	9
5	7	2	8	4	9	3	6	1
2	5	9	1	8	4	7	3	6
3	6	4	7	5	2	9	1	8
1	8	7	6	9	3	5	2	4
4	3	1	5	7	8	6	9	2
7	9	5	4	2	6	1	8	3
6	2	8	9	3	1	4	5	7

222

4	2	1	3	7	9	8	6	5
8	9	3	6	5	4	7	2	1
7	5	6	1	2	8	9	4	3
9	1	5	7	3	2	4	8	6
2	6	8	5	4	1	3	9	7
3	4	7	8	9	6	5	1	2
1	3	9	4	6	5	2	7	8
5	8	2	9	1	7	6	3	4
6	7	4	2	8	3	1	5	9

223

1	9	2	4	3	6	8	7	5
6	4	7	1	8	5	9	2	3
3	8	5	9	7	2	6	1	4
4	5	8	7	6	9	2	3	1
2	7	6	3	1	4	5	8	9
9	1	3	5	2	8	4	6	7
5	6	1	2	9	3	7	4	8
8	3	4	6	5	7	1	9	2
7	2	9	8	4	1	3	5	6

224

6	5	9	7	2	3	1	4	8
7	1	8	9	4	5	3	6	2
4	3	2	1	6	8	9	5	7
8	9	5	3	7	2	6	1	4
1	7	4	8	9	6	2	3	5
2	6	3	4	5	1	7	8	9
9	8	1	5	3	7	4	2	6
5	4	6	2	1	9	8	7	3
3	2	7	6	8	4	5	9	1

225

1	8	4	3	9	7	2	6	5
2	9	5	6	4	1	3	7	8
3	6	7	8	2	5	9	1	4
4	3	9	2	1	6	5	8	7
8	1	6	5	7	3	4	9	2
5	7	2	4	8	9	6	3	1
7	5	1	9	6	4	8	2	3
6	4	8	7	3	2	1	5	9
9	2	3	1	5	8	7	4	6

226

8	3	7	1	6	5	4	9	2
1	4	6	2	7	9	3	5	8
5	9	2	8	4	3	6	7	1
7	2	1	9	3	8	5	4	6
3	6	4	5	2	7	8	1	9
9	8	5	4	1	6	7	2	3
2	1	8	3	5	4	9	6	7
4	7	3	6	9	1	2	8	5
6	5	9	7	8	2	1	3	4

227

8	1	2	4	5	3	6	7	9
9	4	6	7	2	1	8	3	5
7	5	3	8	9	6	4	2	1
1	2	8	9	3	4	7	5	6
5	9	7	1	6	2	3	8	4
6	3	4	5	7	8	9	1	2
3	8	5	6	1	9	2	4	7
4	6	1	2	8	7	5	9	3
2	7	9	3	4	5	1	6	8

228

2	1	9	7	8	3	5	6	4
4	3	5	2	6	1	7	8	9
6	8	7	5	4	9	1	3	2
1	7	2	8	3	5	4	9	6
5	4	3	9	2	6	8	1	7
9	6	8	1	7	4	2	5	3
7	2	1	3	9	8	6	4	5
3	5	6	4	1	7	9	2	8
8	9	4	6	5	2	3	7	1

229

3	4	8	9	2	6	5	7	1
2	1	9	7	5	8	3	6	4
6	7	5	4	1	3	9	2	8
8	2	4	1	9	7	6	5	3
9	6	1	5	3	2	4	8	7
7	5	3	6	8	4	1	9	2
1	8	2	3	6	5	7	4	9
5	9	7	2	4	1	8	3	6
4	3	6	8	7	9	2	1	5

230

4	2	8	9	3	7	5	1	6
3	1	6	2	5	4	9	8	7
9	7	5	6	8	1	4	3	2
8	9	7	5	2	6	1	4	3
2	3	1	4	7	8	6	5	9
5	6	4	1	9	3	2	7	8
6	5	3	8	4	2	7	9	1
7	4	2	3	1	9	8	6	5
1	8	9	7	6	5	3	2	4

231

7	6	4	5	3	2	1	8	9
1	8	3	6	9	4	7	5	2
5	2	9	1	8	7	4	6	3
6	1	7	2	4	8	9	3	5
8	3	5	7	6	9	2	4	1
9	4	2	3	1	5	8	7	6
3	7	1	8	2	6	5	9	4
4	5	6	9	7	1	3	2	8
2	9	8	4	5	3	6	1	7

232

8	3	7	4	1	5	2	6	9
4	1	5	9	6	2	8	3	7
6	2	9	3	7	8	5	1	4
3	9	1	5	4	7	6	8	2
7	5	6	8	2	9	1	4	3
2	8	4	1	3	6	9	7	5
1	7	8	2	9	3	4	5	6
5	6	2	7	8	4	3	9	1
9	4	3	6	5	1	7	2	8

233

7	2	9	8	4	6	3	5	1
5	6	3	1	7	2	4	8	9
4	8	1	3	9	5	7	6	2
9	5	8	7	6	4	1	2	3
3	7	6	2	8	1	5	9	4
1	4	2	5	3	9	8	7	6
8	1	7	6	2	3	9	4	5
6	9	5	4	1	8	2	3	7
2	3	4	9	5	7	6	1	8

234

5	9	6	8	2	7	4	3	1
3	4	8	1	6	9	2	7	5
7	2	1	3	5	4	6	9	8
8	5	7	6	1	3	9	2	4
4	3	9	5	7	2	1	8	6
1	6	2	4	9	8	7	5	3
6	7	5	2	3	1	8	4	9
2	1	4	9	8	5	3	6	7
9	8	3	7	4	6	5	1	2

235

3	5	1	2	6	9	7	8	4
2	6	7	3	4	8	9	5	1
8	9	4	1	5	7	3	6	2
1	4	2	9	7	6	8	3	5
6	3	8	4	2	5	1	9	7
5	7	9	8	1	3	2	4	6
9	2	6	5	8	1	4	7	3
4	8	5	7	3	2	6	1	9
7	1	3	6	9	4	5	2	8

236

1	4	7	2	3	6	5	8	9
2	9	6	5	7	8	3	1	4
5	3	8	9	1	4	7	6	2
8	1	2	3	4	7	6	9	5
7	6	4	1	5	9	2	3	8
9	5	3	6	8	2	1	4	7
4	2	5	8	6	3	9	7	1
6	7	9	4	2	1	8	5	3
3	8	1	7	9	5	4	2	6

237

1	7	4	5	9	8	3	6	2
2	9	8	6	3	1	4	7	5
6	5	3	7	2	4	1	9	8
9	1	6	8	4	5	7	2	3
7	3	5	1	6	2	9	8	4
8	4	2	3	7	9	5	1	6
5	8	9	2	1	3	6	4	7
4	2	7	9	5	6	8	3	1
3	6	1	4	8	7	2	5	9

238

1	9	4	7	5	3	6	8	2
3	2	7	6	8	9	5	4	1
5	6	8	2	1	4	3	9	7
6	8	3	1	9	5	2	7	4
9	5	2	4	6	7	1	3	8
4	7	1	3	2	8	9	5	6
2	3	9	8	7	6	4	1	5
7	4	6	5	3	1	8	2	9
8	1	5	9	4	2	7	6	3

239

9	7	8	2	3	5	4	6	1
3	1	2	9	4	6	7	5	8
6	5	4	1	8	7	3	2	9
1	8	7	6	2	3	5	9	4
4	2	9	5	1	8	6	7	3
5	6	3	7	9	4	1	8	2
7	3	1	8	5	9	2	4	6
8	4	5	3	6	2	9	1	7
2	9	6	4	7	1	8	3	5

240

3	4	6	7	9	8	1	5	2
9	1	8	5	6	2	4	3	7
5	2	7	3	1	4	6	8	9
1	7	5	8	2	6	9	4	3
8	6	9	4	3	5	7	2	1
4	3	2	9	7	1	8	6	5
7	8	4	2	5	9	3	1	6
2	9	1	6	4	3	5	7	8
6	5	3	1	8	7	2	9	4

241

7	1	2	3	6	9	5	8	4
3	5	4	2	7	8	1	9	6
9	8	6	5	1	4	7	3	2
8	6	9	1	3	2	4	5	7
2	4	1	7	9	5	3	6	8
5	3	7	8	4	6	9	2	1
4	9	5	6	2	7	8	1	3
1	2	8	4	5	3	6	7	9
6	7	3	9	8	1	2	4	5

242

6	2	1	5	7	3	4	8	9
9	5	3	8	4	1	6	7	2
7	8	4	2	9	6	3	1	5
5	4	6	9	8	7	2	3	1
3	7	9	1	5	2	8	6	4
2	1	8	3	6	4	5	9	7
4	6	5	7	1	8	9	2	3
1	9	2	6	3	5	7	4	8
8	3	7	4	2	9	1	5	6

243

1	9	8	3	7	2	5	6	4
6	3	7	5	4	9	8	2	1
5	2	4	1	6	8	3	9	7
4	6	1	2	8	3	7	5	9
7	8	3	9	5	4	2	1	6
2	5	9	7	1	6	4	3	8
3	7	6	4	9	5	1	8	2
8	4	5	6	2	1	9	7	3
9	1	2	8	3	7	6	4	5

244

5	9	4	2	1	6	3	8	7
2	6	7	8	4	3	5	1	9
3	8	1	5	7	9	2	4	6
6	1	3	7	5	2	8	9	4
7	4	2	1	9	8	6	5	3
8	5	9	3	6	4	7	2	1
1	7	6	9	8	5	4	3	2
4	2	5	6	3	1	9	7	8
9	3	8	4	2	7	1	6	5

245

7	6	8	3	1	2	9	5	4
2	5	3	4	9	8	6	1	7
1	9	4	6	5	7	3	2	8
3	7	2	9	6	4	1	8	5
8	1	6	5	7	3	2	4	9
9	4	5	2	8	1	7	6	3
6	8	7	1	4	9	5	3	2
4	2	1	7	3	5	8	9	6
5	3	9	8	2	6	4	7	1

246

7	3	4	9	5	1	6	2	8
1	8	5	6	2	7	9	3	4
9	2	6	3	4	8	1	7	5
8	5	7	4	1	6	2	9	3
2	6	3	7	9	5	4	8	1
4	1	9	8	3	2	5	6	7
3	4	2	1	8	9	7	5	6
5	7	8	2	6	4	3	1	9
6	9	1	5	7	3	8	4	2

247

3	1	2	6	7	9	5	4	8
8	6	4	3	2	5	1	7	9
5	9	7	4	8	1	3	2	6
6	7	1	5	3	4	9	8	2
4	3	9	2	6	8	7	5	1
2	5	8	9	1	7	6	3	4
9	4	3	8	5	6	2	1	7
7	2	6	1	4	3	8	9	5
1	8	5	7	9	2	4	6	3

248

5	6	2	4	3	1	9	7	8
7	1	4	9	2	8	5	6	3
8	3	9	5	7	6	4	1	2
2	8	6	7	5	4	3	9	1
3	9	1	8	6	2	7	4	5
4	7	5	3	1	9	8	2	6
6	4	8	1	9	3	2	5	7
1	5	3	2	4	7	6	8	9
9	2	7	6	8	5	1	3	4

249

9	6	5	1	7	8	4	2	3
3	7	1	5	2	4	6	8	9
2	4	8	9	6	3	5	7	1
7	2	9	4	3	1	8	5	6
5	3	6	2	8	7	9	1	4
1	8	4	6	5	9	7	3	2
4	5	2	8	1	6	3	9	7
6	1	3	7	9	5	2	4	8
8	9	7	3	4	2	1	6	5

250

4	7	9	6	1	8	5	3	2
6	1	2	5	3	9	8	7	4
8	5	3	2	4	7	9	6	1
1	3	5	8	7	2	6	4	9
7	2	8	4	9	6	1	5	3
9	4	6	3	5	1	7	2	8
5	9	1	7	2	3	4	8	6
2	6	4	9	8	5	3	1	7
3	8	7	1	6	4	2	9	5

251

2	3	5	6	9	8	7	4	1
7	6	1	2	5	4	3	9	8
4	9	8	3	1	7	5	6	2
6	1	9	4	2	3	8	7	5
5	8	2	7	6	9	4	1	3
3	4	7	5	8	1	9	2	6
8	5	6	9	7	2	1	3	4
1	7	3	8	4	6	2	5	9
9	2	4	1	3	5	6	8	7

252

4	9	6	7	1	2	5	8	3
7	8	5	4	6	3	2	9	1
3	2	1	5	9	8	6	4	7
5	3	9	2	7	4	1	6	8
6	1	2	8	3	9	4	7	5
8	4	7	1	5	6	9	3	2
1	5	4	9	8	7	3	2	6
9	6	8	3	2	5	7	1	4
2	7	3	6	4	1	8	5	9

253

1	5	3	2	8	4	7	9	6
7	8	9	6	3	5	4	1	2
2	4	6	7	1	9	8	3	5
9	2	5	3	7	8	6	4	1
3	7	1	4	9	6	2	5	8
4	6	8	1	5	2	3	7	9
8	1	4	9	6	3	5	2	7
6	3	7	5	2	1	9	8	4
5	9	2	8	4	7	1	6	3

254

7	1	2	5	8	4	3	9	6
5	9	4	6	7	3	1	8	2
8	6	3	9	1	2	4	5	7
3	8	6	4	9	1	2	7	5
4	2	7	3	6	5	9	1	8
9	5	1	8	2	7	6	4	3
1	7	8	2	4	6	5	3	9
2	4	5	7	3	9	8	6	1
6	3	9	1	5	8	7	2	4

255

7	1	5	3	2	8	6	4	9
2	6	4	1	9	5	3	8	7
9	3	8	6	4	7	2	5	1
8	9	3	2	7	1	4	6	5
4	2	7	5	3	6	1	9	8
1	5	6	4	8	9	7	3	2
5	8	2	7	6	3	9	1	4
6	7	9	8	1	4	5	2	3
3	4	1	9	5	2	8	7	6

256

1	6	8	3	9	5	4	7	2
5	2	7	8	1	4	3	6	9
4	9	3	6	7	2	1	5	8
6	1	9	5	8	3	7	2	4
2	7	4	1	6	9	8	3	5
8	3	5	2	4	7	6	9	1
3	5	1	4	2	6	9	8	7
7	8	2	9	3	1	5	4	6
9	4	6	7	5	8	2	1	3

257

6	7	4	3	9	8	5	1	2
3	1	5	4	6	2	8	7	9
8	2	9	5	1	7	4	6	3
4	3	1	2	5	9	6	8	7
7	5	2	6	8	4	9	3	1
9	6	8	7	3	1	2	5	4
1	9	6	8	4	3	7	2	5
5	4	7	1	2	6	3	9	8
2	8	3	9	7	5	1	4	6

258

7	5	2	6	3	8	1	9	4
4	1	3	9	2	5	7	8	6
9	8	6	7	4	1	2	3	5
8	3	4	2	5	6	9	7	1
5	6	1	3	7	9	8	4	2
2	7	9	1	8	4	6	5	3
3	2	8	4	1	7	5	6	9
6	4	7	5	9	2	3	1	8
1	9	5	8	6	3	4	2	7

259

1	7	9	2	6	4	8	3	5
3	2	8	5	7	1	4	6	9
6	5	4	3	8	9	2	7	1
4	8	6	7	1	2	5	9	3
7	3	2	9	5	6	1	8	4
9	1	5	4	3	8	7	2	6
5	6	1	8	2	3	9	4	7
8	9	3	1	4	7	6	5	2
2	4	7	6	9	5	3	1	8

260

5	8	2	3	7	9	1	6	4
6	4	7	1	8	2	3	9	5
9	1	3	4	5	6	7	2	8
8	2	5	6	9	7	4	3	1
4	7	9	5	3	1	2	8	6
3	6	1	8	2	4	9	5	7
7	5	4	9	6	3	8	1	2
1	3	6	2	4	8	5	7	9
2	9	8	7	1	5	6	4	3

261

8	6	1	4	9	5	7	3	2
5	2	9	6	3	7	4	8	1
3	4	7	1	2	8	9	5	6
2	3	4	5	6	9	8	1	7
1	7	6	8	4	3	2	9	5
9	5	8	2	7	1	3	6	4
4	1	3	9	5	2	6	7	8
7	8	2	3	1	6	5	4	9
6	9	5	7	8	4	1	2	3

262

1	9	6	2	3	5	4	7	8
3	4	7	6	9	8	1	5	2
5	8	2	7	1	4	9	6	3
2	5	8	4	6	7	3	1	9
4	6	3	1	5	9	2	8	7
9	7	1	3	8	2	6	4	5
6	1	5	8	2	3	7	9	4
8	3	4	9	7	6	5	2	1
7	2	9	5	4	1	8	3	6

263

2	3	8	5	1	7	4	9	6
7	9	1	4	8	6	3	2	5
4	6	5	3	9	2	1	7	8
6	1	2	8	3	5	7	4	9
3	5	4	7	6	9	2	8	1
8	7	9	2	4	1	5	6	3
9	2	6	1	7	3	8	5	4
1	8	7	6	5	4	9	3	2
5	4	3	9	2	8	6	1	7

264

3	9	4	2	1	6	8	5	7
5	7	8	4	9	3	1	2	6
2	6	1	5	8	7	3	9	4
9	8	5	6	3	4	7	1	2
1	4	7	8	5	2	9	6	3
6	2	3	1	7	9	5	4	8
8	5	6	3	2	1	4	7	9
7	1	2	9	4	8	6	3	5
4	3	9	7	6	5	2	8	1

265

3	8	1	9	6	2	5	7	4
7	4	6	8	3	5	1	2	9
5	9	2	4	7	1	8	3	6
9	6	3	2	8	4	7	1	5
2	7	8	5	1	6	9	4	3
4	1	5	3	9	7	6	8	2
8	5	4	7	2	9	3	6	1
6	3	9	1	4	8	2	5	7
1	2	7	6	5	3	4	9	8

266

7	6	4	3	1	8	2	9	5
5	9	3	4	2	7	6	1	8
1	2	8	5	6	9	4	3	7
9	1	5	6	7	3	8	4	2
2	8	7	1	4	5	3	6	9
4	3	6	9	8	2	7	5	1
8	4	9	7	5	6	1	2	3
3	7	1	2	9	4	5	8	6
6	5	2	8	3	1	9	7	4

267

6	3	2	1	7	5	4	8	9
4	7	9	8	6	2	5	1	3
1	5	8	9	4	3	2	6	7
8	9	1	5	2	6	7	3	4
2	4	5	7	3	1	8	9	6
7	6	3	4	9	8	1	5	2
3	8	4	6	1	7	9	2	5
9	1	6	2	5	4	3	7	8
5	2	7	3	8	9	6	4	1

268

9	5	2	3	6	8	7	1	4
1	6	4	5	7	9	3	8	2
7	3	8	4	1	2	9	5	6
6	2	7	9	5	4	1	3	8
5	8	1	7	3	6	2	4	9
3	4	9	2	8	1	6	7	5
8	1	5	6	2	3	4	9	7
2	9	3	8	4	7	5	6	1
4	7	6	1	9	5	8	2	3

269

8	4	2	3	6	9	7	1	5
5	1	9	7	4	8	2	6	3
6	3	7	5	2	1	4	9	8
4	7	8	2	5	6	9	3	1
9	6	3	1	8	7	5	4	2
1	2	5	9	3	4	8	7	6
2	9	1	8	7	3	6	5	4
3	8	4	6	9	5	1	2	7
7	5	6	4	1	2	3	8	9

270

6	5	9	7	1	2	8	4	3
2	7	3	8	9	4	5	1	6
1	8	4	3	5	6	7	2	9
5	4	8	6	3	7	2	9	1
3	2	1	5	8	9	4	6	7
7	9	6	2	4	1	3	5	8
8	3	2	1	6	5	9	7	4
4	1	7	9	2	3	6	8	5
9	6	5	4	7	8	1	3	2

271

6	7	2	8	4	1	5	9	3
9	3	5	7	2	6	8	1	4
1	4	8	5	9	3	6	7	2
4	8	3	6	1	2	7	5	9
5	2	6	9	3	7	1	4	8
7	1	9	4	5	8	2	3	6
8	9	4	1	6	5	3	2	7
2	6	1	3	7	9	4	8	5
3	5	7	2	8	4	9	6	1

272

5	9	7	8	1	4	3	2	6
2	1	8	9	3	6	5	4	7
3	4	6	5	2	7	8	9	1
8	3	1	7	9	5	4	6	2
6	5	2	1	4	3	7	8	9
4	7	9	2	6	8	1	3	5
7	6	4	3	5	2	9	1	8
1	8	3	6	7	9	2	5	4
9	2	5	4	8	1	6	7	3

273

9	3	8	4	6	7	5	1	2
7	4	6	5	1	2	9	3	8
2	5	1	3	9	8	7	6	4
8	7	9	6	5	1	2	4	3
4	1	5	2	7	3	8	9	6
6	2	3	9	8	4	1	5	7
3	8	7	1	4	5	6	2	9
1	9	4	7	2	6	3	8	5
5	6	2	8	3	9	4	7	1

274

2	7	6	1	5	9	8	3	4
3	9	4	7	8	2	5	1	6
1	5	8	6	3	4	9	7	2
8	4	3	9	2	7	1	6	5
9	6	2	5	4	1	7	8	3
7	1	5	3	6	8	4	2	9
6	2	7	4	1	5	3	9	8
4	3	1	8	9	6	2	5	7
5	8	9	2	7	3	6	4	1

275

5	3	1	6	4	7	2	9	8
9	4	8	3	2	1	5	7	6
6	2	7	5	9	8	4	3	1
2	7	5	1	6	4	9	8	3
4	9	3	7	8	5	1	6	2
1	8	6	2	3	9	7	5	4
3	6	9	4	5	2	8	1	7
8	1	4	9	7	3	6	2	5
7	5	2	8	1	6	3	4	9

276

7	2	5	6	9	1	4	8	3
4	8	6	5	3	2	1	9	7
3	1	9	4	7	8	5	2	6
2	7	4	8	6	5	9	3	1
6	3	8	1	4	9	2	7	5
9	5	1	3	2	7	8	6	4
8	4	7	9	1	3	6	5	2
5	6	2	7	8	4	3	1	9
1	9	3	2	5	6	7	4	8

277

6	2	4	8	9	3	1	7	5
7	9	8	1	5	6	2	4	3
3	1	5	7	4	2	8	6	9
4	8	6	2	7	5	9	3	1
1	5	7	6	3	9	4	8	2
9	3	2	4	8	1	7	5	6
5	4	1	3	2	8	6	9	7
2	7	9	5	6	4	3	1	8
8	6	3	9	1	7	5	2	4

278

1	9	6	3	7	8	5	2	4
2	8	5	4	9	6	7	1	3
4	3	7	2	5	1	6	9	8
5	6	9	8	2	7	4	3	1
8	4	1	9	3	5	2	6	7
7	2	3	1	6	4	8	5	9
9	7	4	6	1	2	3	8	5
3	5	2	7	8	9	1	4	6
6	1	8	5	4	3	9	7	2

279

7	9	5	2	1	4	8	3	6
4	6	8	3	9	5	2	1	7
1	2	3	8	6	7	4	5	9
2	5	1	9	3	6	7	8	4
3	7	9	1	4	8	6	2	5
6	8	4	7	5	2	1	9	3
5	1	2	6	7	3	9	4	8
9	3	7	4	8	1	5	6	2
8	4	6	5	2	9	3	7	1

280

8	7	2	1	9	5	6	4	3
4	9	3	8	2	6	1	5	7
6	5	1	3	4	7	8	2	9
3	1	9	6	8	2	5	7	4
7	8	4	5	3	9	2	6	1
5	2	6	4	7	1	3	9	8
2	4	5	7	1	8	9	3	6
1	6	7	9	5	3	4	8	2
9	3	8	2	6	4	7	1	5

281

5	3	4	1	6	9	8	2	7
8	6	2	7	4	5	9	3	1
1	9	7	2	8	3	5	4	6
9	7	3	4	5	6	2	1	8
4	8	5	9	2	1	7	6	3
2	1	6	8	3	7	4	9	5
3	5	9	6	7	4	1	8	2
6	4	8	5	1	2	3	7	9
7	2	1	3	9	8	6	5	4

282

1	9	5	7	3	4	2	8	6
4	7	6	2	8	1	5	9	3
2	3	8	6	9	5	7	4	1
5	1	2	4	7	9	6	3	8
9	8	4	3	5	6	1	7	2
3	6	7	8	1	2	4	5	9
7	5	1	9	6	8	3	2	4
6	4	9	5	2	3	8	1	7
8	2	3	1	4	7	9	6	5

283

2	7	6	8	1	9	3	4	5
5	8	1	3	4	7	6	2	9
4	9	3	5	6	2	1	8	7
9	4	5	7	8	6	2	1	3
6	2	7	1	9	3	4	5	8
1	3	8	4	2	5	9	7	6
3	1	4	6	7	8	5	9	2
8	6	2	9	5	1	7	3	4
7	5	9	2	3	4	8	6	1

284

8	5	7	3	9	6	2	4	1
1	3	6	4	5	2	8	7	9
2	9	4	7	1	8	5	3	6
4	7	3	9	6	5	1	2	8
9	6	1	8	2	3	4	5	7
5	8	2	1	7	4	6	9	3
7	2	5	6	3	1	9	8	4
6	4	9	5	8	7	3	1	2
3	1	8	2	4	9	7	6	5

285

7	5	6	9	2	8	4	1	3
1	8	2	6	3	4	9	5	7
3	9	4	5	1	7	2	6	8
5	4	7	8	6	1	3	9	2
8	1	9	2	5	3	6	7	4
6	2	3	4	7	9	5	8	1
4	6	5	1	8	2	7	3	9
2	3	8	7	9	5	1	4	6
9	7	1	3	4	6	8	2	5

286

2	9	8	4	7	1	3	6	5
7	1	5	6	9	3	4	8	2
4	6	3	2	5	8	7	1	9
8	5	4	1	2	6	9	3	7
9	2	1	3	4	7	8	5	6
6	3	7	9	8	5	1	2	4
5	7	2	8	3	9	6	4	1
1	8	9	5	6	4	2	7	3
3	4	6	7	1	2	5	9	8

287

6	1	9	4	5	3	2	7	8
7	5	3	2	8	9	6	4	1
4	8	2	7	1	6	5	9	3
1	9	8	5	6	4	7	3	2
5	3	7	9	2	8	4	1	6
2	6	4	3	7	1	9	8	5
3	2	6	8	4	7	1	5	9
9	7	5	1	3	2	8	6	4
8	4	1	6	9	5	3	2	7

288

9	2	6	1	7	3	4	5	8
5	8	3	4	2	9	7	1	6
4	7	1	6	5	8	3	9	2
3	4	5	9	8	7	6	2	1
8	1	2	3	4	6	5	7	9
7	6	9	2	1	5	8	4	3
2	5	8	7	6	1	9	3	4
1	9	7	8	3	4	2	6	5
6	3	4	5	9	2	1	8	7

289

2	8	6	4	1	3	7	9	5
9	7	4	6	2	5	8	1	3
3	1	5	9	8	7	2	4	6
1	6	7	2	5	9	4	3	8
5	9	2	8	3	4	1	6	7
4	3	8	1	7	6	9	5	2
6	2	3	7	4	1	5	8	9
8	4	9	5	6	2	3	7	1
7	5	1	3	9	8	6	2	4

290

8	1	2	9	6	4	5	7	3
6	3	7	8	1	5	2	9	4
4	9	5	3	7	2	6	8	1
2	7	3	6	5	1	9	4	8
9	5	6	4	3	8	7	1	2
1	4	8	7	2	9	3	5	6
3	6	4	5	8	7	1	2	9
7	8	1	2	9	6	4	3	5
5	2	9	1	4	3	8	6	7

291

9	2	5	6	3	1	4	7	8
4	1	6	7	8	2	9	5	3
8	7	3	4	5	9	1	6	2
6	4	2	9	7	3	5	8	1
1	9	8	5	2	6	3	4	7
3	5	7	8	1	4	6	2	9
2	6	1	3	4	8	7	9	5
5	8	4	1	9	7	2	3	6
7	3	9	2	6	5	8	1	4

292

1	4	9	6	3	2	7	8	5
8	2	6	5	4	7	3	1	9
7	5	3	8	1	9	4	2	6
2	1	7	9	6	8	5	3	4
5	3	4	7	2	1	9	6	8
9	6	8	4	5	3	1	7	2
6	7	2	3	9	4	8	5	1
4	8	5	1	7	6	2	9	3
3	9	1	2	8	5	6	4	7

293

7	1	4	9	5	3	2	6	8
9	5	8	6	1	2	4	3	7
3	6	2	7	8	4	9	5	1
5	2	9	1	7	6	8	4	3
6	4	7	8	3	9	1	2	5
1	8	3	2	4	5	7	9	6
4	7	6	5	2	8	3	1	9
8	3	5	4	9	1	6	7	2
2	9	1	3	6	7	5	8	4

294

1	4	3	2	8	9	5	6	7
7	8	2	1	5	6	3	4	9
9	6	5	7	4	3	1	2	8
3	7	8	9	6	1	2	5	4
4	9	1	5	2	8	7	3	6
5	2	6	3	7	4	9	8	1
6	5	9	8	3	7	4	1	2
2	1	4	6	9	5	8	7	3
8	3	7	4	1	2	6	9	5

295

4	1	9	8	5	3	2	6	7
3	7	6	2	9	1	5	4	8
5	8	2	6	7	4	1	9	3
8	9	4	3	6	2	7	5	1
2	6	7	9	1	5	8	3	4
1	5	3	7	4	8	6	2	9
6	4	5	1	8	9	3	7	2
7	2	8	4	3	6	9	1	5
9	3	1	5	2	7	4	8	6

296

3	2	5	1	9	6	7	4	8
6	8	7	3	4	2	1	9	5
9	4	1	8	7	5	2	6	3
2	7	9	4	8	3	5	1	6
1	3	4	5	6	9	8	7	2
8	5	6	2	1	7	4	3	9
4	9	8	6	2	1	3	5	7
7	1	3	9	5	8	6	2	4
5	6	2	7	3	4	9	8	1

297

2	4	8	5	6	3	9	1	7
5	3	9	1	2	7	4	8	6
6	7	1	4	9	8	2	5	3
9	6	7	8	5	4	1	3	2
8	2	5	3	1	9	7	6	4
4	1	3	6	7	2	8	9	5
7	5	4	9	3	1	6	2	8
3	9	2	7	8	6	5	4	1
1	8	6	2	4	5	3	7	9

298

3	5	2	9	4	1	7	6	8
1	8	7	5	2	6	9	3	4
6	9	4	8	7	3	5	2	1
9	4	8	1	6	2	3	7	5
7	3	6	4	5	9	1	8	2
5	2	1	7	3	8	4	9	6
2	1	5	6	9	7	8	4	3
8	7	3	2	1	4	6	5	9
4	6	9	3	8	5	2	1	7

299

4	3	2	9	6	7	1	8	5
6	8	9	5	1	2	3	4	7
7	1	5	8	4	3	6	2	9
1	2	8	6	7	4	9	5	3
9	5	6	2	3	8	4	7	1
3	4	7	1	9	5	2	6	8
8	9	3	7	2	6	5	1	4
5	6	4	3	8	1	7	9	2
2	7	1	4	5	9	8	3	6

300

8	2	1	3	7	9	4	6	5
4	3	5	6	1	2	7	8	9
7	6	9	8	5	4	3	2	1
6	5	8	2	3	7	1	9	4
3	9	7	1	4	8	6	5	2
1	4	2	9	6	5	8	7	3
9	7	3	5	8	1	2	4	6
5	8	6	4	2	3	9	1	7
2	1	4	7	9	6	5	3	8

301

7	9	3	4	2	5	1	8	6
1	4	8	3	6	9	5	7	2
6	5	2	1	8	7	9	4	3
4	6	5	8	3	1	2	9	7
8	3	9	2	7	6	4	1	5
2	7	1	5	9	4	6	3	8
5	1	6	7	4	8	3	2	9
9	2	7	6	1	3	8	5	4
3	8	4	9	5	2	7	6	1

302

8	3	6	5	9	2	7	1	4
2	4	9	1	6	7	3	8	5
7	5	1	3	8	4	2	9	6
3	9	5	4	7	8	1	6	2
6	7	2	9	5	1	8	4	3
4	1	8	6	2	3	5	7	9
1	8	4	2	3	9	6	5	7
9	6	3	7	1	5	4	2	8
5	2	7	8	4	6	9	3	1

303

3	9	4	7	8	2	6	1	5
7	2	6	1	5	9	3	4	8
1	5	8	6	4	3	2	7	9
4	6	9	2	7	5	8	3	1
2	7	1	9	3	8	4	5	6
8	3	5	4	1	6	7	9	2
6	1	3	5	2	4	9	8	7
5	4	2	8	9	7	1	6	3
9	8	7	3	6	1	5	2	4

304

1	8	2	4	7	5	9	6	3
5	6	3	9	1	2	8	7	4
9	4	7	8	6	3	2	5	1
8	2	6	3	4	7	5	1	9
3	7	5	6	9	1	4	2	8
4	1	9	2	5	8	6	3	7
6	5	8	1	3	9	7	4	2
2	3	4	7	8	6	1	9	5
7	9	1	5	2	4	3	8	6

305

1	6	4	3	8	7	9	5	2
8	7	9	2	1	5	6	4	3
5	2	3	4	9	6	1	8	7
7	3	6	5	2	8	4	9	1
2	4	8	9	3	1	5	7	6
9	5	1	6	7	4	3	2	8
4	8	7	1	6	9	2	3	5
6	9	2	7	5	3	8	1	4
3	1	5	8	4	2	7	6	9

306

5	9	6	4	8	1	7	2	3
8	2	1	9	3	7	5	4	6
4	7	3	5	6	2	1	9	8
6	1	4	8	2	5	9	3	7
9	3	8	1	7	6	2	5	4
2	5	7	3	9	4	6	8	1
3	8	5	7	1	9	4	6	2
7	6	9	2	4	8	3	1	5
1	4	2	6	5	3	8	7	9

307

6	5	3	7	8	2	4	1	9
1	8	7	6	9	4	3	5	2
9	2	4	3	1	5	6	7	8
2	9	6	4	5	1	8	3	7
8	7	5	9	3	6	1	2	4
4	3	1	2	7	8	9	6	5
7	6	8	5	4	3	2	9	1
5	1	2	8	6	9	7	4	3
3	4	9	1	2	7	5	8	6

308

6	8	7	1	5	3	9	4	2
4	3	9	6	7	2	8	1	5
1	5	2	4	9	8	3	6	7
7	2	4	8	6	9	1	5	3
8	1	6	3	4	5	2	7	9
3	9	5	2	1	7	4	8	6
5	4	8	9	2	6	7	3	1
2	6	3	7	8	1	5	9	4
9	7	1	5	3	4	6	2	8

309

6	2	1	3	9	4	7	5	8
4	9	5	6	7	8	2	3	1
7	3	8	5	2	1	9	6	4
3	1	9	7	5	2	4	8	6
2	5	6	8	4	3	1	9	7
8	7	4	1	6	9	5	2	3
9	8	3	4	1	5	6	7	2
5	4	7	2	3	6	8	1	9
1	6	2	9	8	7	3	4	5

310

6	1	5	8	2	9	3	7	4
7	9	2	3	4	1	8	5	6
3	4	8	7	5	6	2	9	1
8	5	9	1	6	2	7	4	3
1	6	3	4	8	7	9	2	5
2	7	4	9	3	5	6	1	8
5	3	1	2	7	8	4	6	9
9	8	7	6	1	4	5	3	2
4	2	6	5	9	3	1	8	7

311

2	5	4	8	6	7	9	3	1
6	8	1	2	9	3	5	7	4
3	7	9	5	4	1	8	6	2
4	1	6	7	3	9	2	8	5
8	2	7	6	5	4	1	9	3
5	9	3	1	2	8	7	4	6
9	3	5	4	8	2	6	1	7
1	6	8	3	7	5	4	2	9
7	4	2	9	1	6	3	5	8

312

8	4	1	9	7	6	3	5	2
7	5	2	8	1	3	4	9	6
3	9	6	5	4	2	8	7	1
2	6	4	3	9	1	7	8	5
1	8	5	7	6	4	2	3	9
9	3	7	2	5	8	6	1	4
4	1	8	6	3	5	9	2	7
5	2	9	4	8	7	1	6	3
6	7	3	1	2	9	5	4	8

313

6	2	4	9	7	8	3	5	1
1	5	8	2	3	6	9	7	4
3	7	9	4	1	5	6	8	2
2	4	1	7	8	3	5	9	6
5	9	3	6	4	2	7	1	8
7	8	6	1	5	9	2	4	3
4	3	5	8	2	7	1	6	9
8	6	2	5	9	1	4	3	7
9	1	7	3	6	4	8	2	5

314

1	3	5	8	6	7	4	2	9
8	6	4	2	9	1	7	5	3
7	2	9	4	3	5	6	8	1
2	8	1	7	4	3	5	9	6
4	5	6	9	8	2	3	1	7
3	9	7	1	5	6	8	4	2
5	1	2	3	7	4	9	6	8
6	7	8	5	2	9	1	3	4
9	4	3	6	1	8	2	7	5

315

7	1	8	3	2	5	6	4	9
9	4	2	6	1	7	5	3	8
6	3	5	8	4	9	1	7	2
8	2	7	4	5	6	3	9	1
1	5	6	7	9	3	8	2	4
3	9	4	2	8	1	7	6	5
2	8	3	5	7	4	9	1	6
4	7	9	1	6	8	2	5	3
5	6	1	9	3	2	4	8	7

316

9	7	4	5	2	3	6	1	8
8	2	5	9	1	6	3	7	4
3	1	6	8	4	7	5	9	2
6	9	1	2	5	8	4	3	7
5	8	3	7	9	4	2	6	1
7	4	2	3	6	1	8	5	9
2	3	8	1	7	5	9	4	6
1	6	9	4	3	2	7	8	5
4	5	7	6	8	9	1	2	3

317

3	7	1	4	5	8	6	9	2
9	5	8	3	2	6	7	1	4
4	2	6	7	9	1	8	3	5
1	9	5	8	4	7	3	2	6
2	8	7	6	3	5	1	4	9
6	4	3	9	1	2	5	8	7
5	3	2	1	6	9	4	7	8
7	6	4	2	8	3	9	5	1
8	1	9	5	7	4	2	6	3

318

4	2	8	9	7	1	6	5	3
1	7	5	2	3	6	8	4	9
3	6	9	5	4	8	2	1	7
2	3	6	4	8	9	5	7	1
8	9	7	1	5	3	4	6	2
5	4	1	7	6	2	9	3	8
9	8	4	3	1	5	7	2	6
7	1	2	6	9	4	3	8	5
6	5	3	8	2	7	1	9	4

319

8	2	3	5	1	6	7	4	9
6	1	9	4	7	3	5	2	8
5	4	7	2	9	8	6	3	1
4	9	5	1	6	2	3	8	7
1	7	2	8	3	4	9	6	5
3	6	8	9	5	7	2	1	4
2	5	4	3	8	9	1	7	6
7	3	1	6	4	5	8	9	2
9	8	6	7	2	1	4	5	3

320

1	3	8	2	9	5	7	4	6
9	6	5	1	7	4	3	2	8
4	7	2	6	3	8	5	1	9
2	9	4	5	1	3	8	6	7
5	8	7	4	2	6	1	9	3
3	1	6	9	8	7	2	5	4
7	2	1	3	6	9	4	8	5
8	4	9	7	5	2	6	3	1
6	5	3	8	4	1	9	7	2

321

1	9	6	2	8	3	5	4	7
7	3	8	4	5	9	1	6	2
2	4	5	1	6	7	8	3	9
3	2	7	5	9	6	4	1	8
8	1	9	7	3	4	2	5	6
5	6	4	8	1	2	9	7	3
6	7	1	9	4	8	3	2	5
4	8	3	6	2	5	7	9	1
9	5	2	3	7	1	6	8	4

322

3	2	8	9	5	1	6	7	4
6	5	9	4	3	7	2	8	1
1	7	4	2	8	6	9	5	3
8	4	7	1	9	3	5	6	2
2	9	1	8	6	5	3	4	7
5	3	6	7	4	2	1	9	8
4	1	5	6	2	8	7	3	9
9	6	2	3	7	4	8	1	5
7	8	3	5	1	9	4	2	6

323

5	1	7	8	6	2	9	3	4
9	3	4	7	5	1	2	6	8
8	2	6	4	3	9	1	5	7
3	7	1	9	8	6	4	2	5
6	8	5	2	4	3	7	1	9
4	9	2	5	1	7	3	8	6
7	4	3	6	2	5	8	9	1
2	6	8	1	9	4	5	7	3
1	5	9	3	7	8	6	4	2

324

9	7	1	4	5	6	2	8	3
2	6	4	8	9	3	5	7	1
5	3	8	1	2	7	6	4	9
1	5	7	6	3	4	9	2	8
3	8	6	9	1	2	7	5	4
4	9	2	5	7	8	3	1	6
7	4	5	3	8	9	1	6	2
8	1	9	2	6	5	4	3	7
6	2	3	7	4	1	8	9	5

325

2	8	6	3	9	1	4	7	5
4	5	3	7	8	6	9	2	1
7	9	1	5	4	2	3	6	8
1	3	5	4	2	7	8	9	6
9	4	7	8	6	3	1	5	2
8	6	2	1	5	9	7	4	3
3	2	4	6	7	8	5	1	9
5	1	9	2	3	4	6	8	7
6	7	8	9	1	5	2	3	4

326

1	5	2	3	8	4	9	7	6
3	9	6	5	1	7	4	8	2
8	7	4	2	6	9	5	1	3
2	8	9	1	4	5	3	6	7
7	1	5	6	9	3	8	2	4
6	4	3	8	7	2	1	5	9
9	2	1	7	3	8	6	4	5
5	3	8	4	2	6	7	9	1
4	6	7	9	5	1	2	3	8

327

9	7	2	8	1	4	3	6	5
3	5	1	2	6	9	8	7	4
4	8	6	5	3	7	9	2	1
5	4	3	7	9	2	1	8	6
6	9	8	1	4	3	2	5	7
2	1	7	6	5	8	4	3	9
8	3	4	9	7	6	5	1	2
1	6	9	3	2	5	7	4	8
7	2	5	4	8	1	6	9	3

328

6	5	4	8	2	7	1	9	3
1	7	2	3	4	9	8	5	6
8	3	9	6	1	5	4	7	2
5	9	6	7	8	4	3	2	1
3	4	8	2	9	1	7	6	5
2	1	7	5	6	3	9	4	8
4	2	3	9	5	8	6	1	7
9	8	5	1	7	6	2	3	4
7	6	1	4	3	2	5	8	9

329

3	9	4	8	5	1	2	7	6
7	2	8	3	4	6	5	1	9
6	1	5	2	7	9	3	4	8
9	5	6	1	8	4	7	3	2
8	3	2	7	6	5	4	9	1
1	4	7	9	2	3	8	6	5
5	8	3	6	1	7	9	2	4
4	6	9	5	3	2	1	8	7
2	7	1	4	9	8	6	5	3

330

9	5	7	1	3	8	4	2	6
2	1	6	7	9	4	5	3	8
4	3	8	2	6	5	7	9	1
8	2	3	9	5	7	6	1	4
7	6	4	3	1	2	8	5	9
1	9	5	4	8	6	3	7	2
6	7	1	5	4	9	2	8	3
5	8	9	6	2	3	1	4	7
3	4	2	8	7	1	9	6	5

331

4	9	1	5	8	6	2	3	7
3	2	8	1	9	7	5	6	4
6	5	7	4	2	3	1	9	8
5	8	6	3	1	9	7	4	2
9	1	3	2	7	4	8	5	6
7	4	2	6	5	8	3	1	9
1	6	4	8	3	2	9	7	5
8	3	9	7	4	5	6	2	1
2	7	5	9	6	1	4	8	3

332

4	9	8	2	7	5	3	1	6
1	6	7	4	3	8	5	2	9
3	5	2	9	6	1	8	4	7
5	7	6	8	2	3	1	9	4
8	4	9	1	5	7	2	6	3
2	1	3	6	9	4	7	8	5
6	2	5	3	8	9	4	7	1
9	3	4	7	1	2	6	5	8
7	8	1	5	4	6	9	3	2

333

2	6	4	7	1	9	3	8	5
3	1	9	4	5	8	2	7	6
7	5	8	2	6	3	4	1	9
8	2	3	5	4	7	6	9	1
4	7	6	9	3	1	5	2	8
1	9	5	6	8	2	7	3	4
5	3	2	8	9	6	1	4	7
9	4	1	3	7	5	8	6	2
6	8	7	1	2	4	9	5	3

334

8	5	7	3	9	1	4	2	6
1	3	6	4	2	7	9	8	5
9	2	4	8	5	6	3	7	1
2	6	5	9	7	3	8	1	4
7	4	9	1	8	2	5	6	3
3	1	8	6	4	5	7	9	2
6	8	1	5	3	9	2	4	7
4	7	3	2	6	8	1	5	9
5	9	2	7	1	4	6	3	8

335

1	4	2	5	7	9	6	8	3
5	3	9	6	4	8	1	2	7
6	8	7	1	3	2	9	5	4
2	1	6	3	8	7	5	4	9
4	7	8	9	6	5	2	3	1
9	5	3	2	1	4	7	6	8
3	9	1	4	2	6	8	7	5
8	6	5	7	9	3	4	1	2
7	2	4	8	5	1	3	9	6

336

3	7	8	1	5	6	9	4	2
9	5	4	7	3	2	1	6	8
6	1	2	8	4	9	7	3	5
5	3	7	2	6	1	8	9	4
4	9	6	3	8	5	2	7	1
8	2	1	9	7	4	3	5	6
2	8	5	4	9	3	6	1	7
7	6	9	5	1	8	4	2	3
1	4	3	6	2	7	5	8	9

337

6	3	5	1	2	7	9	8	4
7	4	8	3	9	6	2	1	5
1	2	9	5	4	8	7	3	6
4	6	2	9	7	3	8	5	1
8	5	1	4	6	2	3	7	9
3	9	7	8	1	5	6	4	2
9	1	3	6	8	4	5	2	7
5	7	6	2	3	1	4	9	8
2	8	4	7	5	9	1	6	3

338

8	5	6	2	9	4	3	7	1
4	3	7	8	1	5	2	6	9
1	9	2	6	7	3	5	4	8
9	1	5	3	4	6	8	2	7
2	8	4	7	5	9	1	3	6
6	7	3	1	2	8	9	5	4
7	4	8	9	3	2	6	1	5
5	2	9	4	6	1	7	8	3
3	6	1	5	8	7	4	9	2

339

9	7	2	5	3	4	6	1	8
3	8	4	6	1	9	2	7	5
6	5	1	8	2	7	3	4	9
1	2	8	4	9	5	7	6	3
5	3	9	7	6	1	8	2	4
4	6	7	2	8	3	9	5	1
2	1	6	9	4	8	5	3	7
8	4	5	3	7	6	1	9	2
7	9	3	1	5	2	4	8	6

340

7	5	3	6	2	8	1	9	4
1	9	2	7	4	5	6	3	8
8	4	6	3	9	1	7	5	2
3	8	9	1	6	4	5	2	7
2	6	4	5	7	9	8	1	3
5	7	1	8	3	2	9	4	6
9	3	7	2	5	6	4	8	1
4	2	8	9	1	7	3	6	5
6	1	5	4	8	3	2	7	9

341

6	7	3	4	1	9	5	2	8
9	2	5	8	6	3	4	1	7
8	1	4	2	7	5	3	9	6
5	4	7	9	3	6	1	8	2
2	3	6	5	8	1	7	4	9
1	9	8	7	2	4	6	3	5
4	5	1	6	9	2	8	7	3
3	8	2	1	5	7	9	6	4
7	6	9	3	4	8	2	5	1

342

6	5	7	1	2	8	9	4	3
4	8	3	5	9	7	2	1	6
1	9	2	4	3	6	8	7	5
8	2	6	7	5	1	3	9	4
3	7	4	2	6	9	1	5	8
9	1	5	8	4	3	7	6	2
2	4	8	9	1	5	6	3	7
5	6	1	3	7	2	4	8	9
7	3	9	6	8	4	5	2	1

343

8	9	2	1	3	6	4	5	7
7	5	3	9	8	4	2	1	6
6	4	1	7	5	2	9	8	3
3	6	4	2	9	8	5	7	1
2	8	5	6	1	7	3	4	9
9	1	7	5	4	3	8	6	2
1	7	8	3	2	5	6	9	4
5	2	9	4	6	1	7	3	8
4	3	6	8	7	9	1	2	5

344

7	3	5	6	1	8	2	9	4
4	1	8	2	9	3	7	6	5
6	2	9	7	4	5	3	1	8
9	4	3	5	2	7	6	8	1
2	5	6	9	8	1	4	7	3
8	7	1	3	6	4	9	5	2
5	6	4	8	7	2	1	3	9
1	8	7	4	3	9	5	2	6
3	9	2	1	5	6	8	4	7

345

5	2	6	7	3	1	4	8	9
9	4	3	8	6	5	1	7	2
8	1	7	4	2	9	6	3	5
7	8	2	6	9	4	3	5	1
3	6	9	1	5	2	7	4	8
1	5	4	3	8	7	9	2	6
2	3	5	9	4	6	8	1	7
4	9	1	5	7	8	2	6	3
6	7	8	2	1	3	5	9	4

346

4	9	1	8	3	7	5	6	2
8	7	5	2	9	6	1	3	4
6	3	2	5	4	1	7	9	8
2	4	8	3	6	5	9	1	7
3	5	9	7	1	2	4	8	6
1	6	7	4	8	9	3	2	5
9	8	6	1	7	4	2	5	3
7	2	3	9	5	8	6	4	1
5	1	4	6	2	3	8	7	9

347

5	2	1	9	4	3	6	8	7
6	8	9	1	2	7	3	4	5
3	4	7	5	8	6	1	2	9
7	5	6	8	9	2	4	3	1
8	1	3	7	6	4	5	9	2
4	9	2	3	5	1	7	6	8
2	6	5	4	1	8	9	7	3
1	3	8	6	7	9	2	5	4
9	7	4	2	3	5	8	1	6

348

3	6	7	2	5	8	1	4	9
2	9	5	4	3	1	6	7	8
8	1	4	9	6	7	3	5	2
9	4	3	1	7	6	8	2	5
1	7	6	8	2	5	9	3	4
5	8	2	3	9	4	7	6	1
4	2	1	6	8	3	5	9	7
6	5	9	7	1	2	4	8	3
7	3	8	5	4	9	2	1	6

349

1	2	7	9	3	4	8	5	6
6	8	3	1	5	2	9	4	7
9	4	5	7	8	6	3	2	1
7	5	6	4	1	3	2	8	9
3	9	8	2	6	7	5	1	4
2	1	4	5	9	8	7	6	3
5	7	1	6	2	9	4	3	8
8	6	9	3	4	5	1	7	2
4	3	2	8	7	1	6	9	5

350

1	9	8	4	6	7	5	3	2
7	2	3	5	8	1	9	6	4
5	4	6	3	9	2	7	8	1
8	1	4	6	5	3	2	7	9
6	7	9	8	2	4	1	5	3
3	5	2	7	1	9	6	4	8
9	6	5	1	3	8	4	2	7
4	8	1	2	7	6	3	9	5
2	3	7	9	4	5	8	1	6

351

7	3	6	1	5	9	8	2	4
4	1	9	6	8	2	3	7	5
5	2	8	7	3	4	6	9	1
1	6	7	9	4	8	5	3	2
8	5	3	2	1	6	9	4	7
9	4	2	5	7	3	1	6	8
3	7	4	8	6	5	2	1	9
2	8	1	3	9	7	4	5	6
6	9	5	4	2	1	7	8	3

352

1	4	3	8	5	9	2	7	6
6	8	7	4	2	3	5	1	9
2	9	5	1	7	6	8	3	4
4	6	1	3	9	8	7	2	5
5	3	2	6	1	7	4	9	8
8	7	9	2	4	5	3	6	1
3	1	8	5	6	2	9	4	7
9	5	6	7	3	4	1	8	2
7	2	4	9	8	1	6	5	3

353

3	9	1	7	2	5	6	8	4
7	5	8	4	6	9	3	1	2
4	6	2	8	1	3	5	9	7
8	7	9	6	4	2	1	5	3
6	4	5	3	9	1	7	2	8
1	2	3	5	8	7	9	4	6
2	3	4	9	5	6	8	7	1
5	1	6	2	7	8	4	3	9
9	8	7	1	3	4	2	6	5

354

2	1	9	6	7	4	3	5	8
4	7	6	8	5	3	1	2	9
3	8	5	2	1	9	4	7	6
8	5	3	7	2	1	9	6	4
1	9	2	4	8	6	7	3	5
7	6	4	3	9	5	2	8	1
5	2	7	1	4	8	6	9	3
9	3	1	5	6	2	8	4	7
6	4	8	9	3	7	5	1	2

355

7	3	9	1	6	2	8	4	5
6	8	1	4	5	3	9	7	2
4	2	5	9	7	8	6	1	3
5	1	3	6	8	7	2	9	4
9	6	8	5	2	4	7	3	1
2	4	7	3	9	1	5	8	6
3	5	6	8	4	9	1	2	7
1	9	2	7	3	5	4	6	8
8	7	4	2	1	6	3	5	9

356

7	9	6	8	1	3	4	5	2
2	1	5	4	7	6	8	9	3
3	4	8	2	9	5	7	6	1
1	5	9	7	3	8	6	2	4
6	7	4	5	2	9	3	1	8
8	2	3	1	6	4	5	7	9
9	8	2	6	4	7	1	3	5
4	6	1	3	5	2	9	8	7
5	3	7	9	8	1	2	4	6

357

9	2	8	7	4	1	6	3	5
4	3	6	8	9	5	7	1	2
7	1	5	2	6	3	8	9	4
2	8	9	6	1	7	5	4	3
6	7	1	3	5	4	9	2	8
5	4	3	9	8	2	1	6	7
3	9	4	5	7	6	2	8	1
8	5	2	1	3	9	4	7	6
1	6	7	4	2	8	3	5	9

358

1	3	6	9	2	8	4	7	5
9	5	7	1	4	6	2	3	8
8	2	4	5	7	3	9	1	6
6	7	3	2	9	5	8	4	1
5	1	2	4	8	7	3	6	9
4	9	8	6	3	1	7	5	2
7	8	1	3	6	9	5	2	4
3	4	5	8	1	2	6	9	7
2	6	9	7	5	4	1	8	3

359

5	1	9	6	2	4	7	8	3
7	4	6	8	3	9	5	2	1
2	3	8	5	7	1	4	9	6
8	7	2	1	6	3	9	4	5
9	6	4	7	5	8	3	1	2
3	5	1	9	4	2	6	7	8
4	2	5	3	1	7	8	6	9
1	8	3	4	9	6	2	5	7
6	9	7	2	8	5	1	3	4

360

3	4	5	9	2	6	1	8	7
6	8	9	5	1	7	2	4	3
7	1	2	3	4	8	6	9	5
4	9	7	1	6	2	5	3	8
8	6	1	4	3	5	9	7	2
2	5	3	7	8	9	4	6	1
1	3	8	2	9	4	7	5	6
5	2	4	6	7	3	8	1	9
9	7	6	8	5	1	3	2	4

361

1	7	5	9	6	8	3	4	2
2	6	3	4	5	7	9	8	1
4	9	8	3	2	1	6	7	5
9	5	4	1	7	2	8	3	6
8	2	7	6	3	9	5	1	4
3	1	6	8	4	5	2	9	7
5	4	2	7	8	3	1	6	9
7	3	9	5	1	6	4	2	8
6	8	1	2	9	4	7	5	3

362

9	6	8	3	4	1	5	7	2
2	7	4	5	9	6	8	1	3
1	3	5	7	8	2	6	4	9
5	1	9	6	3	8	4	2	7
6	8	3	2	7	4	9	5	1
7	4	2	9	1	5	3	8	6
8	5	7	1	6	3	2	9	4
4	9	6	8	2	7	1	3	5
3	2	1	4	5	9	7	6	8

363

1	9	8	7	6	2	3	5	4
6	5	3	1	9	4	8	2	7
4	2	7	5	8	3	1	9	6
9	3	2	8	7	5	6	4	1
8	4	1	6	3	9	2	7	5
5	7	6	4	2	1	9	8	3
2	8	4	3	1	7	5	6	9
3	6	5	9	4	8	7	1	2
7	1	9	2	5	6	4	3	8

364

8	4	9	5	6	2	3	7	1
7	1	6	8	3	4	5	2	9
3	5	2	1	7	9	6	8	4
1	3	5	4	2	7	8	9	6
4	6	8	9	1	3	2	5	7
2	9	7	6	8	5	1	4	3
5	7	3	2	9	6	4	1	8
9	2	1	3	4	8	7	6	5
6	8	4	7	5	1	9	3	2

365

2	7	8	5	9	1	6	4	3
6	9	1	3	8	4	5	2	7
4	3	5	2	6	7	1	8	9
1	6	2	4	5	3	7	9	8
3	8	4	9	7	6	2	5	1
9	5	7	1	2	8	3	6	4
7	2	6	8	3	9	4	1	5
8	4	3	6	1	5	9	7	2
5	1	9	7	4	2	8	3	6

366

8	1	4	9	3	2	5	6	7
9	7	6	1	4	5	3	8	2
5	3	2	8	6	7	4	9	1
7	8	3	2	5	6	9	1	4
4	5	9	7	1	3	6	2	8
2	6	1	4	9	8	7	3	5
6	4	8	3	7	1	2	5	9
3	2	7	5	8	9	1	4	6
1	9	5	6	2	4	8	7	3

367

7	8	4	6	5	2	9	3	1
6	5	1	3	8	9	4	7	2
3	2	9	4	1	7	6	5	8
1	3	6	2	9	5	8	4	7
5	4	8	1	7	6	3	2	9
9	7	2	8	4	3	5	1	6
2	1	3	9	6	4	7	8	5
8	6	7	5	3	1	2	9	4
4	9	5	7	2	8	1	6	3

368

7	2	4	1	8	9	5	3	6
9	3	6	5	2	4	1	7	8
1	5	8	3	6	7	9	4	2
5	8	1	7	9	6	3	2	4
6	9	3	4	1	2	7	8	5
2	4	7	8	3	5	6	1	9
4	7	2	9	5	1	8	6	3
8	6	5	2	7	3	4	9	1
3	1	9	6	4	8	2	5	7

369

8	7	3	5	9	6	4	2	1
5	2	9	1	4	8	7	6	3
6	1	4	2	7	3	8	9	5
1	8	2	3	5	9	6	4	7
4	5	6	7	2	1	3	8	9
3	9	7	6	8	4	5	1	2
7	4	8	9	3	2	1	5	6
2	3	1	4	6	5	9	7	8
9	6	5	8	1	7	2	3	4

370

5	2	9	1	4	8	7	6	3
3	8	7	9	2	6	5	4	1
6	1	4	5	3	7	2	9	8
4	9	3	7	5	2	8	1	6
8	7	1	3	6	9	4	5	2
2	5	6	8	1	4	9	3	7
7	6	8	4	9	3	1	2	5
1	4	2	6	8	5	3	7	9
9	3	5	2	7	1	6	8	4

371

7	1	6	5	2	3	8	9	4
8	9	5	6	7	4	2	3	1
3	2	4	8	9	1	7	6	5
4	8	2	9	5	6	1	7	3
6	7	3	1	4	2	5	8	9
9	5	1	7	3	8	6	4	2
5	3	9	2	8	7	4	1	6
2	6	7	4	1	9	3	5	8
1	4	8	3	6	5	9	2	7

372

9	6	1	2	5	4	3	7	8
2	4	7	3	8	9	1	6	5
3	8	5	6	1	7	4	9	2
1	2	3	5	9	8	6	4	7
6	5	4	1	7	2	8	3	9
7	9	8	4	3	6	5	2	1
4	1	2	9	6	5	7	8	3
8	3	6	7	2	1	9	5	4
5	7	9	8	4	3	2	1	6

373

3	8	6	1	9	4	2	5	7
5	2	9	7	6	8	1	4	3
4	7	1	3	5	2	6	8	9
8	9	7	6	2	5	4	3	1
1	5	2	4	3	7	8	9	6
6	3	4	9	8	1	7	2	5
2	6	3	8	1	9	5	7	4
9	4	8	5	7	6	3	1	2
7	1	5	2	4	3	9	6	8

374

8	7	9	4	1	5	2	3	6
6	1	2	8	3	7	5	4	9
3	4	5	6	2	9	8	7	1
9	5	3	1	8	4	6	2	7
2	8	1	7	5	6	3	9	4
4	6	7	3	9	2	1	8	5
7	9	8	5	6	3	4	1	2
1	2	6	9	4	8	7	5	3
5	3	4	2	7	1	9	6	8

375

9	7	1	3	4	5	6	8	2
3	5	4	2	8	6	1	7	9
2	6	8	9	7	1	4	3	5
5	3	7	6	1	2	9	4	8
4	2	6	8	3	9	7	5	1
8	1	9	4	5	7	3	2	6
1	9	5	7	2	4	8	6	3
7	8	2	1	6	3	5	9	4
6	4	3	5	9	8	2	1	7

376

2	4	6	7	1	9	5	8	3
8	1	7	3	4	5	9	6	2
9	5	3	2	6	8	7	1	4
3	7	9	4	2	6	1	5	8
4	2	5	1	8	7	3	9	6
6	8	1	5	9	3	4	2	7
5	9	8	6	3	4	2	7	1
1	6	4	9	7	2	8	3	5
7	3	2	8	5	1	6	4	9

377

2	7	9	3	5	4	1	8	6
8	4	3	6	1	2	9	7	5
5	1	6	9	7	8	4	2	3
9	8	1	5	6	7	2	3	4
3	6	7	4	2	9	5	1	8
4	2	5	1	8	3	7	6	9
6	5	2	8	4	1	3	9	7
1	9	4	7	3	6	8	5	2
7	3	8	2	9	5	6	4	1

378

1	7	9	4	6	8	3	5	2
2	6	4	5	7	3	1	8	9
8	3	5	2	1	9	6	4	7
7	5	2	6	8	4	9	1	3
9	1	6	7	3	5	8	2	4
3	4	8	9	2	1	7	6	5
5	9	7	1	4	6	2	3	8
4	8	1	3	9	2	5	7	6
6	2	3	8	5	7	4	9	1

379

2	3	4	8	9	7	5	1	6
9	8	6	5	2	1	7	3	4
1	7	5	3	6	4	9	8	2
3	2	7	9	5	6	8	4	1
6	1	8	7	4	3	2	9	5
4	5	9	1	8	2	3	6	7
8	4	2	6	7	9	1	5	3
7	9	3	4	1	5	6	2	8
5	6	1	2	3	8	4	7	9

380

1	8	5	2	3	9	7	4	6
9	2	7	6	5	4	8	3	1
6	4	3	1	7	8	2	9	5
3	1	6	4	9	2	5	8	7
2	5	4	8	1	7	9	6	3
7	9	8	5	6	3	4	1	2
5	7	1	9	8	6	3	2	4
4	3	9	7	2	1	6	5	8
8	6	2	3	4	5	1	7	9

381

8	6	9	7	3	4	2	1	5
5	1	3	2	6	8	7	4	9
4	7	2	1	9	5	8	3	6
3	8	4	6	7	1	5	9	2
9	5	7	4	2	3	1	6	8
6	2	1	5	8	9	3	7	4
1	9	8	3	4	2	6	5	7
2	3	6	9	5	7	4	8	1
7	4	5	8	1	6	9	2	3

382

8	6	2	1	7	3	4	9	5
9	4	7	8	5	6	3	1	2
1	3	5	4	2	9	7	6	8
5	9	8	3	4	7	1	2	6
3	2	6	9	8	1	5	7	4
7	1	4	5	6	2	9	8	3
2	7	9	6	3	4	8	5	1
4	8	1	2	9	5	6	3	7
6	5	3	7	1	8	2	4	9

383

8	9	3	1	4	5	6	2	7
7	5	2	6	8	3	9	4	1
4	1	6	9	2	7	8	3	5
6	2	8	5	1	9	4	7	3
5	7	1	3	6	4	2	8	9
3	4	9	2	7	8	1	5	6
1	6	5	8	3	2	7	9	4
2	3	7	4	9	1	5	6	8
9	8	4	7	5	6	3	1	2

384

3	5	2	1	6	7	9	8	4
8	1	7	4	9	3	6	5	2
9	4	6	5	8	2	1	3	7
6	3	1	7	2	8	5	4	9
2	7	5	9	3	4	8	1	6
4	9	8	6	5	1	2	7	3
1	8	3	2	7	9	4	6	5
5	2	4	3	1	6	7	9	8
7	6	9	8	4	5	3	2	1

385

2	1	9	4	8	3	7	6	5
4	7	8	5	6	2	1	3	9
3	5	6	1	7	9	4	2	8
6	4	5	7	2	1	8	9	3
1	9	2	8	3	6	5	7	4
7	8	3	9	4	5	2	1	6
9	3	1	2	5	8	6	4	7
5	2	4	6	9	7	3	8	1
8	6	7	3	1	4	9	5	2

386

1	6	3	8	7	4	5	9	2
2	9	8	1	3	5	6	4	7
7	4	5	2	6	9	8	1	3
8	5	4	3	9	7	1	2	6
3	2	6	4	8	1	9	7	5
9	1	7	6	5	2	4	3	8
6	8	2	9	1	3	7	5	4
4	7	9	5	2	8	3	6	1
5	3	1	7	4	6	2	8	9

387

5	4	6	9	1	3	2	7	8
1	8	7	6	2	4	9	5	3
9	2	3	7	8	5	6	1	4
6	1	9	4	3	7	5	8	2
7	5	2	8	9	6	4	3	1
4	3	8	2	5	1	7	6	9
3	6	4	1	7	9	8	2	5
2	9	1	5	6	8	3	4	7
8	7	5	3	4	2	1	9	6

388

1	9	6	8	2	5	7	4	3
5	4	3	1	7	9	8	6	2
7	8	2	6	4	3	1	9	5
3	1	9	7	5	4	6	2	8
2	5	4	9	6	8	3	1	7
8	6	7	2	3	1	9	5	4
9	2	5	3	1	7	4	8	6
6	7	8	4	9	2	5	3	1
4	3	1	5	8	6	2	7	9

389

2	8	4	5	7	1	6	3	9
7	5	6	3	9	4	8	2	1
9	3	1	2	6	8	4	7	5
5	7	2	4	8	3	1	9	6
8	1	9	6	2	5	3	4	7
6	4	3	7	1	9	2	5	8
3	6	7	1	5	2	9	8	4
4	9	5	8	3	6	7	1	2
1	2	8	9	4	7	5	6	3

390

7	6	4	5	3	9	2	1	8
9	2	8	1	4	6	5	3	7
1	5	3	2	7	8	6	9	4
2	8	5	9	6	4	1	7	3
4	1	6	7	2	3	9	8	5
3	7	9	8	5	1	4	6	2
5	9	1	3	8	2	7	4	6
8	4	2	6	9	7	3	5	1
6	3	7	4	1	5	8	2	9

391

9	3	2	8	7	5	4	1	6
8	6	4	1	3	9	7	2	5
5	1	7	4	6	2	9	3	8
2	7	9	6	8	1	3	5	4
4	8	6	7	5	3	2	9	1
1	5	3	2	9	4	8	6	7
3	4	5	9	1	8	6	7	2
6	2	1	3	4	7	5	8	9
7	9	8	5	2	6	1	4	3

392

3	7	1	6	2	8	9	4	5
6	8	4	5	9	7	1	2	3
5	2	9	3	1	4	7	8	6
1	3	2	4	8	5	6	9	7
8	4	6	9	7	1	5	3	2
7	9	5	2	6	3	4	1	8
9	1	7	8	3	6	2	5	4
4	6	8	1	5	2	3	7	9
2	5	3	7	4	9	8	6	1

393

2	3	8	5	7	9	1	4	6
1	9	5	6	4	2	8	3	7
7	6	4	3	1	8	5	2	9
8	5	6	4	2	1	9	7	3
9	4	1	7	6	3	2	8	5
3	2	7	9	8	5	4	6	1
5	7	3	8	9	4	6	1	2
4	1	9	2	3	6	7	5	8
6	8	2	1	5	7	3	9	4

394

4	6	2	3	5	8	9	7	1
9	1	7	6	2	4	3	8	5
8	3	5	9	7	1	6	4	2
6	2	9	5	3	7	8	1	4
5	8	3	4	1	9	2	6	7
1	7	4	2	8	6	5	3	9
7	9	1	8	6	2	4	5	3
3	4	8	7	9	5	1	2	6
2	5	6	1	4	3	7	9	8

395

4	2	5	9	8	1	6	3	7
1	9	6	2	3	7	8	5	4
3	7	8	4	5	6	2	1	9
9	3	1	5	7	2	4	8	6
5	4	2	3	6	8	9	7	1
6	8	7	1	9	4	5	2	3
8	6	9	7	1	5	3	4	2
7	5	4	6	2	3	1	9	8
2	1	3	8	4	9	7	6	5

396

5	1	2	9	8	6	3	4	7
7	9	4	1	3	2	5	6	8
6	8	3	7	5	4	1	9	2
3	4	1	8	6	7	9	2	5
9	7	5	2	4	3	6	8	1
8	2	6	5	9	1	4	7	3
4	3	7	6	1	8	2	5	9
1	5	8	4	2	9	7	3	6
2	6	9	3	7	5	8	1	4

397

4	5	8	1	2	6	9	7	3
1	3	9	7	5	4	2	8	6
2	6	7	8	3	9	5	4	1
8	9	6	4	7	1	3	5	2
5	4	1	2	6	3	7	9	8
7	2	3	5	9	8	6	1	4
6	7	4	9	1	2	8	3	5
9	8	2	3	4	5	1	6	7
3	1	5	6	8	7	4	2	9

398

5	4	8	1	2	3	9	7	6
1	2	9	7	6	4	5	8	3
7	3	6	5	9	8	2	1	4
8	5	2	6	3	7	1	4	9
4	6	7	2	1	9	8	3	5
3	9	1	8	4	5	6	2	7
2	1	3	4	5	6	7	9	8
9	8	5	3	7	2	4	6	1
6	7	4	9	8	1	3	5	2

399

2	4	8	3	5	7	6	9	1
3	5	9	1	8	6	4	7	2
7	6	1	9	2	4	3	5	8
9	2	5	7	6	1	8	4	3
8	3	6	2	4	9	7	1	5
1	7	4	8	3	5	9	2	6
6	9	7	5	1	3	2	8	4
4	1	2	6	7	8	5	3	9
5	8	3	4	9	2	1	6	7

400

8	6	4	2	7	9	3	5	1
9	3	2	8	1	5	4	7	6
1	7	5	6	3	4	9	8	2
4	9	8	1	2	7	6	3	5
7	5	6	9	8	3	1	2	4
3	2	1	5	4	6	8	9	7
2	4	9	3	5	1	7	6	8
6	8	7	4	9	2	5	1	3
5	1	3	7	6	8	2	4	9

401

8	1	3	4	7	5	2	9	6
4	2	5	6	1	9	8	3	7
7	6	9	3	2	8	4	1	5
5	9	1	8	4	6	3	7	2
3	8	6	2	5	7	9	4	1
2	4	7	9	3	1	6	5	8
9	5	2	1	8	3	7	6	4
6	7	4	5	9	2	1	8	3
1	3	8	7	6	4	5	2	9

402

7	1	6	5	3	9	8	2	4
8	4	3	2	7	6	1	9	5
2	5	9	8	1	4	7	6	3
1	7	8	3	5	2	6	4	9
3	2	4	6	9	7	5	8	1
9	6	5	1	4	8	2	3	7
5	3	2	9	6	1	4	7	8
4	8	1	7	2	3	9	5	6
6	9	7	4	8	5	3	1	2

403

2	9	1	6	7	4	5	8	3
8	7	3	5	9	1	2	4	6
6	4	5	3	8	2	1	9	7
7	5	4	1	2	9	6	3	8
9	6	2	8	5	3	7	1	4
1	3	8	7	4	6	9	2	5
4	8	6	9	1	7	3	5	2
3	2	9	4	6	5	8	7	1
5	1	7	2	3	8	4	6	9

404

4	1	2	7	9	8	3	6	5
8	9	3	4	5	6	2	1	7
6	5	7	3	1	2	8	4	9
5	3	1	6	8	7	9	2	4
2	8	6	1	4	9	5	7	3
7	4	9	2	3	5	1	8	6
9	2	5	8	7	4	6	3	1
1	7	8	9	6	3	4	5	2
3	6	4	5	2	1	7	9	8

405

9	1	3	6	7	2	8	5	4
5	7	8	4	3	1	6	9	2
2	4	6	9	5	8	1	3	7
8	3	4	2	6	5	7	1	9
6	2	7	8	1	9	5	4	3
1	9	5	7	4	3	2	8	6
3	8	9	1	2	6	4	7	5
7	5	2	3	8	4	9	6	1
4	6	1	5	9	7	3	2	8

406

2	9	8	5	6	3	7	4	1
1	4	7	8	2	9	5	6	3
6	3	5	7	4	1	8	9	2
3	7	9	4	1	8	2	5	6
4	2	6	9	3	5	1	7	8
8	5	1	2	7	6	4	3	9
7	6	3	1	8	4	9	2	5
5	1	4	6	9	2	3	8	7
9	8	2	3	5	7	6	1	4

407

2	1	6	8	9	4	3	7	5
4	9	5	2	7	3	8	1	6
3	7	8	1	6	5	9	4	2
7	4	2	6	8	1	5	9	3
6	8	1	3	5	9	4	2	7
5	3	9	4	2	7	1	6	8
9	5	3	7	4	6	2	8	1
8	6	4	5	1	2	7	3	9
1	2	7	9	3	8	6	5	4

408

7	5	1	4	6	9	2	8	3
3	9	2	8	1	7	5	4	6
4	6	8	5	2	3	7	1	9
2	4	6	7	9	8	3	5	1
5	8	7	1	3	2	9	6	4
9	1	3	6	4	5	8	7	2
8	2	4	3	5	1	6	9	7
1	3	5	9	7	6	4	2	8
6	7	9	2	8	4	1	3	5

409

2	8	6	5	7	4	9	3	1
3	4	5	9	8	1	6	7	2
1	9	7	6	3	2	4	5	8
7	1	4	8	6	9	3	2	5
8	3	2	7	4	5	1	9	6
5	6	9	1	2	3	7	8	4
6	7	1	3	5	8	2	4	9
9	2	8	4	1	7	5	6	3
4	5	3	2	9	6	8	1	7

410

5	4	8	7	3	6	2	1	9
3	1	9	4	2	8	6	5	7
2	6	7	9	1	5	3	8	4
4	3	6	5	7	1	9	2	8
9	2	5	8	6	4	7	3	1
7	8	1	2	9	3	4	6	5
1	9	2	6	5	7	8	4	3
6	5	4	3	8	9	1	7	2
8	7	3	1	4	2	5	9	6

411

2	1	9	3	7	4	5	8	6
8	3	6	2	1	5	4	7	9
4	5	7	8	6	9	3	2	1
9	6	2	4	3	8	1	5	7
3	7	5	6	2	1	9	4	8
1	8	4	9	5	7	6	3	2
6	2	1	5	8	3	7	9	4
7	4	3	1	9	2	8	6	5
5	9	8	7	4	6	2	1	3

412

9	2	7	8	6	5	4	3	1
6	4	8	9	1	3	5	7	2
1	5	3	4	7	2	6	9	8
7	3	9	2	8	6	1	4	5
5	8	2	1	9	4	7	6	3
4	1	6	5	3	7	2	8	9
3	9	4	6	5	1	8	2	7
8	6	5	7	2	9	3	1	4
2	7	1	3	4	8	9	5	6

413

2	4	8	3	5	6	7	9	1
1	5	9	7	2	8	6	3	4
6	3	7	9	4	1	5	8	2
4	1	6	8	7	5	3	2	9
5	8	3	4	9	2	1	7	6
7	9	2	6	1	3	8	4	5
3	7	1	2	6	4	9	5	8
8	2	5	1	3	9	4	6	7
9	6	4	5	8	7	2	1	3

414

1	5	9	6	7	3	4	8	2
3	4	7	2	1	8	9	6	5
6	8	2	5	4	9	1	7	3
2	6	5	1	9	4	7	3	8
8	9	1	7	3	6	2	5	4
4	7	3	8	2	5	6	1	9
9	2	6	3	8	7	5	4	1
5	3	4	9	6	1	8	2	7
7	1	8	4	5	2	3	9	6

415

6	7	1	5	4	9	3	8	2
8	2	4	1	7	3	6	9	5
9	5	3	2	6	8	4	1	7
4	1	2	3	5	7	9	6	8
5	9	6	8	2	4	7	3	1
7	3	8	9	1	6	2	5	4
1	6	9	4	8	2	5	7	3
3	4	5	7	9	1	8	2	6
2	8	7	6	3	5	1	4	9

416

5	7	2	9	3	8	4	6	1
4	1	9	2	5	6	3	8	7
6	3	8	4	7	1	9	5	2
1	9	3	6	4	5	2	7	8
8	4	7	1	2	3	5	9	6
2	6	5	8	9	7	1	4	3
3	5	6	7	1	4	8	2	9
9	8	4	3	6	2	7	1	5
7	2	1	5	8	9	6	3	4

417

7	8	4	1	5	6	2	3	9
3	6	2	9	7	8	5	1	4
1	5	9	2	4	3	8	7	6
5	3	6	8	9	1	4	2	7
2	7	8	6	3	4	9	5	1
9	4	1	7	2	5	3	6	8
8	2	7	5	6	9	1	4	3
4	9	5	3	1	7	6	8	2
6	1	3	4	8	2	7	9	5

418

1	9	6	2	8	3	5	4	7
3	7	4	5	9	6	2	1	8
2	8	5	4	1	7	9	3	6
8	5	3	6	4	9	1	7	2
9	6	1	3	7	2	8	5	4
4	2	7	8	5	1	6	9	3
7	3	8	1	6	5	4	2	9
6	1	9	7	2	4	3	8	5
5	4	2	9	3	8	7	6	1

419

2	9	4	5	7	8	3	1	6
5	1	7	6	4	3	2	9	8
8	3	6	1	9	2	5	7	4
4	7	5	8	3	9	6	2	1
9	6	3	7	2	1	8	4	5
1	2	8	4	6	5	7	3	9
6	5	9	3	1	7	4	8	2
3	8	1	2	5	4	9	6	7
7	4	2	9	8	6	1	5	3

420

5	7	4	1	9	8	3	2	6
1	6	8	2	3	7	5	9	4
2	3	9	5	4	6	1	7	8
9	4	5	7	2	1	8	6	3
8	1	7	3	6	5	2	4	9
3	2	6	4	8	9	7	5	1
4	8	1	9	5	2	6	3	7
6	9	2	8	7	3	4	1	5
7	5	3	6	1	4	9	8	2

421

1	3	5	8	7	9	4	2	6
8	4	6	5	2	1	9	7	3
9	7	2	3	6	4	8	5	1
3	1	4	2	9	6	5	8	7
6	5	9	7	3	8	2	1	4
7	2	8	4	1	5	3	6	9
2	6	3	9	5	7	1	4	8
5	8	1	6	4	3	7	9	2
4	9	7	1	8	2	6	3	5

422

9	5	6	4	2	7	8	3	1
1	2	7	8	3	5	6	4	9
4	3	8	1	6	9	7	2	5
8	7	9	2	4	1	5	6	3
6	1	5	7	8	3	4	9	2
2	4	3	5	9	6	1	7	8
7	6	2	3	5	8	9	1	4
5	9	4	6	1	2	3	8	7
3	8	1	9	7	4	2	5	6

423

7	1	5	6	2	8	3	9	4
9	6	3	7	1	4	8	5	2
2	8	4	3	9	5	7	1	6
1	2	6	5	4	7	9	8	3
3	9	7	8	6	1	2	4	5
5	4	8	9	3	2	6	7	1
8	3	1	4	7	6	5	2	9
6	7	2	1	5	9	4	3	8
4	5	9	2	8	3	1	6	7

424

4	3	2	9	1	8	7	5	6
9	8	1	7	6	5	2	3	4
5	6	7	4	3	2	1	9	8
6	1	3	8	9	4	5	2	7
7	5	4	6	2	3	8	1	9
8	2	9	1	5	7	4	6	3
3	7	5	2	8	6	9	4	1
1	4	6	5	7	9	3	8	2
2	9	8	3	4	1	6	7	5

425

1	9	7	4	3	6	5	8	2
8	6	4	5	9	2	1	7	3
5	2	3	1	8	7	9	6	4
2	1	8	6	5	9	4	3	7
9	7	5	8	4	3	2	1	6
3	4	6	2	7	1	8	9	5
7	5	1	3	2	8	6	4	9
6	3	2	9	1	4	7	5	8
4	8	9	7	6	5	3	2	1

426

3	2	7	1	8	4	9	5	6
8	6	9	3	7	5	1	2	4
5	4	1	9	6	2	3	7	8
7	5	8	6	4	9	2	3	1
6	1	4	5	2	3	7	8	9
2	9	3	7	1	8	6	4	5
4	3	5	2	9	6	8	1	7
9	7	2	8	5	1	4	6	3
1	8	6	4	3	7	5	9	2

427

9	7	1	5	4	6	2	8	3
5	8	6	2	7	3	4	1	9
2	4	3	9	1	8	7	5	6
8	5	2	7	3	4	9	6	1
6	9	4	8	2	1	5	3	7
1	3	7	6	5	9	8	4	2
4	2	5	3	6	7	1	9	8
3	1	9	4	8	2	6	7	5
7	6	8	1	9	5	3	2	4

428

8	6	3	1	9	5	7	4	2
7	5	1	4	3	2	8	9	6
4	2	9	6	7	8	1	5	3
6	7	8	2	4	1	9	3	5
3	1	2	9	5	6	4	8	7
9	4	5	3	8	7	6	2	1
5	9	7	8	6	3	2	1	4
1	8	6	5	2	4	3	7	9
2	3	4	7	1	9	5	6	8

429

5	3	9	8	2	6	7	1	4
1	4	2	7	5	9	8	6	3
7	8	6	1	4	3	2	5	9
9	5	3	6	7	4	1	8	2
6	1	8	2	9	5	4	3	7
4	2	7	3	8	1	5	9	6
2	7	1	9	6	8	3	4	5
3	6	5	4	1	2	9	7	8
8	9	4	5	3	7	6	2	1

430

7	1	5	8	9	6	2	3	4
6	2	4	1	3	7	9	5	8
9	8	3	4	2	5	6	1	7
1	9	2	7	5	3	4	8	6
8	5	6	2	4	1	3	7	9
3	4	7	9	6	8	5	2	1
2	6	8	3	1	4	7	9	5
4	3	1	5	7	9	8	6	2
5	7	9	6	8	2	1	4	3

431

2	5	8	6	4	1	9	7	3
6	4	3	7	5	9	1	2	8
9	1	7	8	2	3	6	4	5
1	6	4	2	3	8	5	9	7
5	8	2	9	7	4	3	1	6
7	3	9	5	1	6	4	8	2
8	9	5	1	6	7	2	3	4
3	2	1	4	8	5	7	6	9
4	7	6	3	9	2	8	5	1

432

7	1	9	8	2	4	3	5	6
8	2	6	9	3	5	1	4	7
3	4	5	7	1	6	2	8	9
2	8	3	1	7	9	4	6	5
4	5	1	3	6	8	9	7	2
6	9	7	4	5	2	8	3	1
5	7	8	2	4	1	6	9	3
9	3	2	6	8	7	5	1	4
1	6	4	5	9	3	7	2	8

433

6	9	8	4	5	3	1	2	7
5	7	3	2	1	8	4	6	9
4	2	1	6	9	7	5	3	8
8	6	2	1	4	5	9	7	3
7	3	4	8	6	9	2	5	1
9	1	5	3	7	2	6	8	4
2	4	7	5	3	1	8	9	6
3	8	6	9	2	4	7	1	5
1	5	9	7	8	6	3	4	2

434

6	3	1	8	9	5	2	7	4
8	9	5	2	4	7	3	1	6
4	2	7	1	3	6	5	9	8
1	5	6	7	8	4	9	2	3
9	4	8	3	2	1	7	6	5
2	7	3	6	5	9	4	8	1
3	8	4	9	1	2	6	5	7
5	6	2	4	7	8	1	3	9
7	1	9	5	6	3	8	4	2

435

4	3	2	8	9	1	5	6	7
8	5	9	7	3	6	4	2	1
7	1	6	4	5	2	8	3	9
1	7	3	5	2	8	6	9	4
9	8	5	6	1	4	2	7	3
2	6	4	9	7	3	1	5	8
3	9	1	2	8	5	7	4	6
6	2	7	1	4	9	3	8	5
5	4	8	3	6	7	9	1	2

436

1	3	7	5	2	9	8	6	4
6	8	9	1	4	3	5	2	7
2	5	4	8	6	7	1	3	9
5	1	6	3	7	2	4	9	8
9	7	2	4	8	6	3	1	5
3	4	8	9	1	5	6	7	2
7	2	3	6	5	4	9	8	1
4	9	1	2	3	8	7	5	6
8	6	5	7	9	1	2	4	3

437

9	7	5	1	8	3	4	6	2
1	4	3	9	2	6	5	8	7
2	6	8	4	7	5	1	3	9
8	2	7	6	5	1	3	9	4
5	1	4	3	9	8	2	7	6
3	9	6	2	4	7	8	5	1
6	8	1	7	3	4	9	2	5
4	3	9	5	6	2	7	1	8
7	5	2	8	1	9	6	4	3

438

8	4	7	2	1	5	6	9	3
1	3	2	4	6	9	5	7	8
9	6	5	3	8	7	2	4	1
4	7	8	9	5	1	3	2	6
2	5	1	7	3	6	9	8	4
6	9	3	8	2	4	7	1	5
3	2	4	6	9	8	1	5	7
5	8	6	1	7	2	4	3	9
7	1	9	5	4	3	8	6	2

439

1	5	2	8	7	9	6	3	4
9	8	6	4	1	3	2	7	5
7	3	4	5	6	2	1	8	9
8	6	9	2	5	1	7	4	3
4	1	5	7	3	6	9	2	8
2	7	3	9	8	4	5	6	1
6	9	7	1	4	8	3	5	2
5	2	8	3	9	7	4	1	6
3	4	1	6	2	5	8	9	7

440

4	7	1	3	9	2	6	8	5
8	6	9	1	7	5	3	2	4
5	2	3	8	4	6	7	1	9
1	3	4	2	8	7	9	5	6
7	9	6	5	3	1	8	4	2
2	8	5	4	6	9	1	3	7
6	5	2	9	1	8	4	7	3
3	1	7	6	2	4	5	9	8
9	4	8	7	5	3	2	6	1

441

8	1	2	9	7	6	4	3	5
7	6	5	8	3	4	2	9	1
4	9	3	2	1	5	7	6	8
9	5	4	3	6	7	8	1	2
6	2	7	1	9	8	5	4	3
1	3	8	4	5	2	6	7	9
5	4	1	7	2	9	3	8	6
2	7	9	6	8	3	1	5	4
3	8	6	5	4	1	9	2	7

442

4	3	9	1	6	2	8	7	5
7	1	6	3	5	8	4	9	2
8	5	2	9	4	7	6	3	1
1	9	8	6	7	4	5	2	3
5	4	7	2	1	3	9	6	8
6	2	3	8	9	5	1	4	7
9	8	1	7	2	6	3	5	4
2	6	4	5	3	1	7	8	9
3	7	5	4	8	9	2	1	6

443

9	4	8	3	7	6	2	1	5
1	2	7	9	4	5	8	6	3
5	6	3	2	1	8	4	7	9
7	9	1	5	8	2	3	4	6
6	3	5	4	9	1	7	2	8
4	8	2	7	6	3	9	5	1
3	7	9	1	5	4	6	8	2
2	5	6	8	3	7	1	9	4
8	1	4	6	2	9	5	3	7

444

4	9	1	8	2	6	7	5	3
2	7	5	3	4	1	8	9	6
3	6	8	7	5	9	1	4	2
1	8	9	4	7	2	3	6	5
5	4	2	6	3	8	9	7	1
6	3	7	1	9	5	2	8	4
7	1	6	2	8	4	5	3	9
8	5	4	9	1	3	6	2	7
9	2	3	5	6	7	4	1	8

445

3	2	6	1	4	9	7	8	5
4	7	9	3	8	5	1	6	2
1	5	8	6	7	2	4	9	3
5	1	4	9	6	7	3	2	8
9	8	2	4	5	3	6	7	1
7	6	3	2	1	8	9	5	4
8	4	1	7	2	6	5	3	9
6	3	5	8	9	1	2	4	7
2	9	7	5	3	4	8	1	6

446

1	6	8	3	2	7	5	4	9
2	9	7	6	4	5	8	1	3
4	5	3	8	9	1	6	2	7
8	1	4	7	5	6	3	9	2
5	7	2	1	3	9	4	6	8
6	3	9	2	8	4	7	5	1
7	8	1	4	6	2	9	3	5
3	4	5	9	1	8	2	7	6
9	2	6	5	7	3	1	8	4

447

8	2	1	6	9	7	5	4	3
9	7	3	4	2	5	8	1	6
4	6	5	8	3	1	2	7	9
7	8	6	5	4	2	9	3	1
5	9	2	3	1	6	4	8	7
3	1	4	9	7	8	6	2	5
6	3	8	7	5	4	1	9	2
2	5	9	1	8	3	7	6	4
1	4	7	2	6	9	3	5	8

448

6	8	2	1	9	4	3	5	7
7	4	3	5	8	2	6	9	1
9	1	5	7	6	3	2	8	4
1	3	4	8	5	7	9	6	2
2	7	8	9	4	6	5	1	3
5	6	9	3	2	1	4	7	8
3	5	7	4	1	9	8	2	6
4	9	6	2	7	8	1	3	5
8	2	1	6	3	5	7	4	9

449

5	8	9	4	7	6	3	1	2
4	6	1	3	9	2	5	8	7
2	3	7	8	1	5	9	6	4
6	7	8	2	3	1	4	5	9
1	5	2	9	4	8	6	7	3
9	4	3	5	6	7	1	2	8
3	1	6	7	8	4	2	9	5
7	2	4	1	5	9	8	3	6
8	9	5	6	2	3	7	4	1

450

7	2	1	6	9	8	5	4	3
8	5	6	3	4	7	9	2	1
4	3	9	5	2	1	6	7	8
9	1	2	7	5	4	3	8	6
6	8	3	2	1	9	4	5	7
5	7	4	8	6	3	1	9	2
2	6	8	9	3	5	7	1	4
1	9	7	4	8	6	2	3	5
3	4	5	1	7	2	8	6	9

451

1	9	3	7	5	2	4	6	8
8	6	5	3	4	9	2	7	1
7	4	2	6	8	1	3	5	9
4	2	6	9	1	5	7	8	3
9	5	8	2	3	7	6	1	4
3	1	7	8	6	4	9	2	5
2	7	4	1	9	8	5	3	6
6	8	9	5	2	3	1	4	7
5	3	1	4	7	6	8	9	2

452

5	7	1	9	4	3	2	6	8
3	6	9	8	2	7	1	5	4
2	8	4	1	6	5	9	3	7
1	9	2	4	5	8	3	7	6
7	3	5	6	9	2	4	8	1
8	4	6	3	7	1	5	2	9
9	5	7	2	8	4	6	1	3
4	1	8	5	3	6	7	9	2
6	2	3	7	1	9	8	4	5

453

2	6	4	5	9	8	7	3	1
3	5	9	6	1	7	4	2	8
8	1	7	2	3	4	5	6	9
9	3	2	4	7	6	1	8	5
1	7	5	8	2	9	6	4	3
6	4	8	3	5	1	9	7	2
4	2	6	9	8	5	3	1	7
5	8	1	7	4	3	2	9	6
7	9	3	1	6	2	8	5	4

454

9	2	8	3	6	7	5	1	4
3	5	4	8	1	9	6	2	7
6	7	1	4	5	2	9	3	8
8	1	6	9	4	3	7	5	2
2	4	7	6	8	5	1	9	3
5	9	3	2	7	1	4	8	6
4	3	9	5	2	6	8	7	1
1	6	2	7	9	8	3	4	5
7	8	5	1	3	4	2	6	9

455

2	7	5	6	1	9	3	8	4
4	9	8	5	7	3	2	6	1
3	1	6	2	8	4	5	7	9
7	6	2	4	9	1	8	5	3
5	8	4	3	2	7	1	9	6
1	3	9	8	6	5	4	2	7
6	2	3	9	4	8	7	1	5
8	5	7	1	3	6	9	4	2
9	4	1	7	5	2	6	3	8

456

5	1	3	7	8	2	6	9	4
4	8	9	6	1	3	5	2	7
2	6	7	5	4	9	3	8	1
8	9	6	1	5	7	2	4	3
3	4	5	2	9	8	1	7	6
7	2	1	3	6	4	8	5	9
9	3	4	8	2	6	7	1	5
1	7	2	4	3	5	9	6	8
6	5	8	9	7	1	4	3	2

457

6	1	3	2	8	5	9	7	4
2	5	8	9	7	4	1	3	6
4	9	7	6	3	1	8	2	5
5	2	9	8	4	3	6	1	7
3	6	1	7	2	9	4	5	8
7	8	4	5	1	6	2	9	3
1	3	5	4	9	8	7	6	2
9	4	2	3	6	7	5	8	1
8	7	6	1	5	2	3	4	9

458

7	5	6	9	3	8	1	2	4
1	3	2	4	6	7	9	8	5
9	4	8	2	1	5	6	7	3
3	8	5	6	2	4	7	9	1
6	1	4	3	7	9	8	5	2
2	7	9	8	5	1	4	3	6
5	2	7	1	9	6	3	4	8
4	9	1	5	8	3	2	6	7
8	6	3	7	4	2	5	1	9

459

4	3	5	2	6	1	8	7	9
2	1	8	9	4	7	6	3	5
7	6	9	5	8	3	1	2	4
1	7	6	8	2	5	4	9	3
5	8	3	1	9	4	7	6	2
9	2	4	7	3	6	5	8	1
3	5	2	6	1	8	9	4	7
8	4	1	3	7	9	2	5	6
6	9	7	4	5	2	3	1	8

460

7	8	2	1	6	5	9	3	4
3	9	1	4	7	8	6	2	5
4	5	6	3	9	2	1	8	7
9	3	5	2	1	7	4	6	8
1	6	7	8	4	3	2	5	9
2	4	8	6	5	9	7	1	3
8	7	3	9	2	1	5	4	6
6	1	9	5	8	4	3	7	2
5	2	4	7	3	6	8	9	1

461

2	6	4	9	3	7	1	8	5
7	3	5	8	2	1	6	9	4
1	8	9	6	4	5	7	3	2
9	7	1	4	8	2	3	5	6
6	2	8	7	5	3	4	1	9
4	5	3	1	6	9	2	7	8
8	1	7	2	9	6	5	4	3
3	9	6	5	1	4	8	2	7
5	4	2	3	7	8	9	6	1

462

1	2	7	4	9	5	6	8	3
4	6	9	8	3	1	2	5	7
8	3	5	2	7	6	4	9	1
3	1	2	9	6	7	8	4	5
5	8	4	1	2	3	9	7	6
7	9	6	5	4	8	3	1	2
9	4	1	6	5	2	7	3	8
2	7	8	3	1	9	5	6	4
6	5	3	7	8	4	1	2	9

463

9	2	6	1	8	3	4	7	5
4	1	3	7	5	9	8	6	2
8	5	7	6	4	2	3	9	1
6	7	1	8	9	4	5	2	3
2	9	5	3	1	6	7	8	4
3	8	4	5	2	7	9	1	6
1	4	8	9	6	5	2	3	7
7	6	2	4	3	8	1	5	9
5	3	9	2	7	1	6	4	8

464

7	6	8	1	3	5	2	9	4
2	4	5	8	6	9	1	3	7
3	1	9	4	2	7	8	5	6
6	9	3	7	5	2	4	8	1
1	2	4	6	8	3	5	7	9
5	8	7	9	1	4	3	6	2
8	5	6	2	7	1	9	4	3
4	3	2	5	9	6	7	1	8
9	7	1	3	4	8	6	2	5

465

1	9	3	4	5	7	6	2	8
6	5	2	9	3	8	1	4	7
8	7	4	2	6	1	9	3	5
5	8	6	3	7	4	2	1	9
2	3	1	8	9	6	7	5	4
7	4	9	5	1	2	3	8	6
4	1	7	6	2	5	8	9	3
3	6	8	1	4	9	5	7	2
9	2	5	7	8	3	4	6	1

466

4	1	5	7	3	6	8	2	9
9	7	3	8	5	2	6	4	1
6	8	2	4	9	1	5	7	3
3	9	6	5	1	7	2	8	4
2	5	1	3	8	4	7	9	6
7	4	8	2	6	9	3	1	5
5	3	4	1	7	8	9	6	2
8	2	9	6	4	3	1	5	7
1	6	7	9	2	5	4	3	8

467

7	6	3	1	9	4	5	8	2
2	1	5	8	6	7	4	9	3
8	9	4	2	3	5	1	6	7
9	7	8	3	4	2	6	5	1
4	3	6	5	8	1	7	2	9
1	5	2	6	7	9	3	4	8
5	8	9	7	1	6	2	3	4
6	4	1	9	2	3	8	7	5
3	2	7	4	5	8	9	1	6

468

7	2	5	6	4	1	9	8	3
1	4	3	7	9	8	5	2	6
6	9	8	3	5	2	1	4	7
4	3	7	2	6	9	8	5	1
8	6	1	4	3	5	2	7	9
9	5	2	1	8	7	3	6	4
2	7	9	5	1	6	4	3	8
3	1	6	8	2	4	7	9	5
5	8	4	9	7	3	6	1	2

469

1	3	8	7	9	6	5	4	2
9	2	4	1	5	3	8	6	7
5	6	7	4	8	2	1	9	3
4	9	1	2	7	5	3	8	6
2	8	3	6	4	1	9	7	5
7	5	6	9	3	8	4	2	1
8	1	2	3	6	9	7	5	4
3	7	5	8	2	4	6	1	9
6	4	9	5	1	7	2	3	8

470

3	2	7	4	6	8	5	9	1
8	1	6	5	7	9	4	3	2
9	4	5	1	3	2	6	8	7
6	5	2	3	1	4	8	7	9
4	7	8	2	9	5	1	6	3
1	9	3	7	8	6	2	4	5
2	8	1	9	4	7	3	5	6
7	3	4	6	5	1	9	2	8
5	6	9	8	2	3	7	1	4

471

4	8	1	2	9	6	7	5	3
7	3	9	5	1	8	6	2	4
5	2	6	3	4	7	8	9	1
9	7	3	1	8	4	5	6	2
8	4	2	6	5	9	3	1	7
1	6	5	7	3	2	4	8	9
6	9	7	4	2	5	1	3	8
3	5	8	9	7	1	2	4	6
2	1	4	8	6	3	9	7	5

472

6	9	5	2	8	7	1	3	4
3	2	8	4	9	1	6	5	7
1	7	4	6	3	5	9	8	2
5	3	2	1	6	8	4	7	9
9	4	6	5	7	2	3	1	8
8	1	7	9	4	3	5	2	6
7	5	9	8	1	6	2	4	3
2	6	3	7	5	4	8	9	1
4	8	1	3	2	9	7	6	5

473

9	5	8	4	1	6	7	3	2
4	1	2	3	8	7	5	6	9
7	3	6	9	2	5	8	1	4
6	9	7	2	4	8	3	5	1
2	4	1	6	5	3	9	7	8
3	8	5	7	9	1	2	4	6
5	2	9	1	7	4	6	8	3
8	6	4	5	3	2	1	9	7
1	7	3	8	6	9	4	2	5

474

4	7	3	5	2	1	9	8	6
8	9	2	6	3	4	7	5	1
1	6	5	9	7	8	2	3	4
3	5	7	1	8	6	4	2	9
6	1	4	2	9	5	3	7	8
9	2	8	7	4	3	1	6	5
2	8	1	3	5	9	6	4	7
7	4	6	8	1	2	5	9	3
5	3	9	4	6	7	8	1	2

475

8	7	9	4	3	1	5	2	6
2	1	5	9	7	6	8	4	3
3	6	4	2	8	5	7	1	9
9	5	1	6	4	3	2	8	7
6	4	2	7	1	8	3	9	5
7	3	8	5	2	9	1	6	4
1	8	7	3	9	4	6	5	2
4	2	6	1	5	7	9	3	8
5	9	3	8	6	2	4	7	1

476

5	4	8	3	7	1	2	9	6
3	9	2	8	5	6	1	7	4
7	1	6	9	2	4	5	3	8
2	7	4	6	3	5	9	8	1
6	3	1	7	9	8	4	2	5
9	8	5	1	4	2	7	6	3
4	5	9	2	8	3	6	1	7
1	2	3	4	6	7	8	5	9
8	6	7	5	1	9	3	4	2

477

2	8	1	4	6	9	3	7	5
9	6	5	3	7	2	8	1	4
4	7	3	5	8	1	2	6	9
6	5	9	8	2	7	1	4	3
8	3	4	1	9	5	6	2	7
1	2	7	6	3	4	5	9	8
5	1	2	7	4	3	9	8	6
3	4	8	9	1	6	7	5	2
7	9	6	2	5	8	4	3	1

478

3	8	7	2	5	9	4	6	1
9	1	2	4	6	7	3	8	5
5	6	4	3	8	1	7	9	2
2	4	1	6	9	3	8	5	7
6	7	5	8	4	2	9	1	3
8	9	3	7	1	5	6	2	4
1	2	6	9	7	4	5	3	8
7	3	8	5	2	6	1	4	9
4	5	9	1	3	8	2	7	6

479

1	7	8	6	4	9	3	2	5
4	9	2	5	8	3	7	6	1
6	3	5	7	1	2	8	9	4
9	6	4	1	3	8	5	7	2
3	8	7	2	6	5	4	1	9
2	5	1	9	7	4	6	3	8
7	2	9	4	5	6	1	8	3
8	4	6	3	2	1	9	5	7
5	1	3	8	9	7	2	4	6

480

4	9	7	2	3	1	6	8	5
2	8	6	5	4	7	3	9	1
3	5	1	8	9	6	7	4	2
7	2	8	3	1	5	4	6	9
1	6	3	9	8	4	2	5	7
5	4	9	7	6	2	1	3	8
6	3	2	1	5	9	8	7	4
9	1	4	6	7	8	5	2	3
8	7	5	4	2	3	9	1	6

481

8	2	3	4	7	1	9	5	6
5	1	6	2	3	9	7	4	8
7	4	9	8	6	5	1	2	3
2	6	5	7	1	8	3	9	4
9	3	8	5	4	2	6	1	7
4	7	1	6	9	3	2	8	5
1	9	4	3	8	6	5	7	2
3	5	7	9	2	4	8	6	1
6	8	2	1	5	7	4	3	9

482

6	2	4	8	7	3	1	9	5
3	1	9	6	5	4	2	8	7
8	7	5	2	1	9	3	6	4
5	6	7	9	4	1	8	3	2
1	3	2	7	6	8	4	5	9
4	9	8	5	3	2	7	1	6
2	8	3	4	9	5	6	7	1
9	4	6	1	8	7	5	2	3
7	5	1	3	2	6	9	4	8

483

6	1	4	5	8	3	2	9	7
3	2	5	7	1	9	6	8	4
7	8	9	6	2	4	1	3	5
5	4	6	2	3	7	9	1	8
2	9	1	8	6	5	4	7	3
8	3	7	9	4	1	5	2	6
4	6	2	3	9	8	7	5	1
1	7	3	4	5	2	8	6	9
9	5	8	1	7	6	3	4	2

484

4	6	5	8	1	9	3	7	2
8	2	3	4	7	5	1	6	9
7	9	1	2	6	3	4	8	5
1	3	7	9	8	4	2	5	6
2	4	9	6	5	7	8	1	3
5	8	6	3	2	1	9	4	7
6	1	2	5	9	8	7	3	4
9	7	4	1	3	6	5	2	8
3	5	8	7	4	2	6	9	1

485

9	1	5	6	3	2	8	7	4
8	2	3	7	4	1	5	6	9
6	7	4	8	5	9	1	3	2
5	3	8	1	2	6	9	4	7
2	4	9	3	7	5	6	1	8
7	6	1	4	9	8	2	5	3
4	5	2	9	1	7	3	8	6
3	9	6	5	8	4	7	2	1
1	8	7	2	6	3	4	9	5

486

4	5	8	3	9	6	2	7	1
6	7	2	1	8	4	9	3	5
3	9	1	5	2	7	4	6	8
1	8	5	4	3	2	6	9	7
9	6	4	8	7	1	5	2	3
2	3	7	6	5	9	8	1	4
7	4	9	2	1	8	3	5	6
8	2	3	7	6	5	1	4	9
5	1	6	9	4	3	7	8	2

487

1	6	5	4	8	3	2	9	7
8	3	4	2	7	9	5	6	1
2	9	7	5	6	1	8	3	4
6	8	9	7	3	2	4	1	5
4	1	2	8	9	5	3	7	6
5	7	3	1	4	6	9	2	8
3	5	6	9	1	4	7	8	2
7	2	1	3	5	8	6	4	9
9	4	8	6	2	7	1	5	3

488

4	2	7	1	6	3	9	8	5
8	6	5	4	9	2	7	3	1
1	3	9	8	5	7	2	4	6
2	7	4	9	8	5	1	6	3
5	1	8	3	2	6	4	9	7
3	9	6	7	1	4	5	2	8
9	4	1	5	3	8	6	7	2
6	5	3	2	7	9	8	1	4
7	8	2	6	4	1	3	5	9

489

8	3	9	2	4	7	1	6	5
6	4	1	9	5	8	7	3	2
2	5	7	3	6	1	4	9	8
7	8	4	5	9	3	2	1	6
3	1	2	4	8	6	5	7	9
9	6	5	1	7	2	8	4	3
1	7	3	8	2	9	6	5	4
4	2	6	7	3	5	9	8	1
5	9	8	6	1	4	3	2	7

490

7	9	6	5	2	8	1	3	4
4	5	1	3	7	9	8	6	2
8	3	2	4	1	6	5	9	7
3	6	8	1	9	2	4	7	5
1	4	5	6	3	7	9	2	8
2	7	9	8	5	4	3	1	6
9	8	7	2	4	1	6	5	3
6	1	3	7	8	5	2	4	9
5	2	4	9	6	3	7	8	1

491

1	4	3	9	5	7	8	6	2
6	5	9	8	2	4	7	3	1
7	2	8	3	6	1	9	5	4
4	3	7	2	8	5	1	9	6
8	9	2	6	1	3	4	7	5
5	6	1	4	7	9	2	8	3
2	8	4	5	9	6	3	1	7
3	7	6	1	4	8	5	2	9
9	1	5	7	3	2	6	4	8

492

2	8	7	5	6	3	1	4	9
9	6	4	8	1	2	3	5	7
1	3	5	9	4	7	6	2	8
3	4	9	7	2	5	8	6	1
5	2	6	1	8	9	4	7	3
8	7	1	6	3	4	2	9	5
4	5	2	3	9	8	7	1	6
7	1	3	2	5	6	9	8	4
6	9	8	4	7	1	5	3	2

493

2	5	8	1	4	9	6	3	7
4	6	3	2	7	5	8	1	9
1	9	7	8	3	6	5	4	2
5	7	4	6	9	3	1	2	8
9	8	2	7	5	1	4	6	3
6	3	1	4	8	2	7	9	5
7	2	5	9	1	4	3	8	6
3	4	6	5	2	8	9	7	1
8	1	9	3	6	7	2	5	4

494

3	4	1	7	6	8	2	5	9
2	6	9	3	5	4	7	1	8
7	5	8	1	2	9	6	4	3
9	7	2	5	1	6	8	3	4
5	1	4	8	7	3	9	6	2
8	3	6	4	9	2	5	7	1
1	2	3	6	8	5	4	9	7
4	9	5	2	3	7	1	8	6
6	8	7	9	4	1	3	2	5

495

7	9	8	1	2	4	6	5	3
6	4	1	9	3	5	8	2	7
3	2	5	7	6	8	4	9	1
9	8	3	6	1	2	5	7	4
2	1	6	5	4	7	9	3	8
4	5	7	8	9	3	2	1	6
5	7	2	4	8	1	3	6	9
1	6	4	3	5	9	7	8	2
8	3	9	2	7	6	1	4	5

496

4	3	9	5	1	7	6	2	8
7	5	2	8	9	6	1	4	3
6	8	1	4	2	3	5	9	7
5	7	4	9	3	2	8	1	6
9	2	8	6	5	1	3	7	4
1	6	3	7	4	8	9	5	2
3	9	6	1	7	4	2	8	5
8	1	7	2	6	5	4	3	9
2	4	5	3	8	9	7	6	1

497

2	5	6	4	3	9	7	1	8
8	1	9	7	6	5	4	2	3
3	4	7	2	1	8	5	6	9
7	6	4	8	2	1	9	3	5
5	3	2	6	9	7	1	8	4
1	9	8	3	5	4	6	7	2
6	8	1	9	4	3	2	5	7
4	2	3	5	7	6	8	9	1
9	7	5	1	8	2	3	4	6

498

3	8	6	5	4	7	1	9	2
9	5	4	3	1	2	7	6	8
7	1	2	9	8	6	3	4	5
1	2	3	8	6	9	4	5	7
8	4	9	7	3	5	6	2	1
6	7	5	1	2	4	8	3	9
4	6	8	2	5	1	9	7	3
5	3	7	4	9	8	2	1	6
2	9	1	6	7	3	5	8	4

499

9	5	4	1	3	8	7	6	2
3	6	1	7	5	2	8	4	9
7	2	8	9	4	6	3	1	5
8	9	2	5	1	7	4	3	6
4	7	3	2	6	9	1	5	8
5	1	6	3	8	4	2	9	7
1	4	9	8	7	5	6	2	3
6	8	5	4	2	3	9	7	1
2	3	7	6	9	1	5	8	4

500

9	7	4	2	6	3	1	8	5
2	1	6	5	4	8	9	3	7
8	5	3	7	9	1	6	4	2
4	6	8	9	5	2	7	1	3
1	9	5	3	8	7	2	6	4
3	2	7	6	1	4	8	5	9
6	3	2	1	7	5	4	9	8
5	4	1	8	2	9	3	7	6
7	8	9	4	3	6	5	2	1

슈퍼 스도쿠 500문제 중급

1판 1쇄 펴낸 날 2020년 1월 10일
1판 10쇄 펴낸 날 2025년 4월 5일

지은이 | 오정환

펴낸이 | 박윤태
펴낸곳 | 보누스
등　록 | 2001년 8월 17일 제313-2002-179호
주　소 | 서울시 마포구 동교로12안길 31 보누스 4층
전　화 | 02-333-3114
팩　스 | 02-3143-3254
이메일 | bonus@bonusbook.co.kr

ISBN 978-89-6494-426-4 04410

• 책값은 뒤표지에 있습니다.